Uwe H. Sültz

Mein Compact-Cassetten-Sammelbuch

BoD - Books on Demand

Norderstedt 2016

Bibliografische Information durch die Deutsche Nationalbibliothek

Die Deutsche Nationalbibliothek verzeichnet diese Publikation in der Deutschen Nationalbibliografie; detaillierte bibliografische Daten sind im Internet über http://dnb.dnb.de abrufbar.

ISBN 9-78374-1-28386-4

Herstellung und Verlag:

BoD – Books on Demand, Norderstedt

ISBN 9-78374-1-28386-4

Vorwort

Die erste Compact-Cassette wurde 1963 von PHILIPS vorgestellt. Es handelte sich um die EL 1903. Sie war mit Schrauben und Muttern bestückt, hatte keine Löschnasen und war schwerer als nachfolgende Modelle. Lou Ottens entwickelte damals den weltersten Compact-Cassetten-Recorder (Pocket-Recorder) PHILIPS EL 3300. Maßgeblich beteiligt im Team von Lou Ottens waren J.J.M. Schoenmakers und Peter van der Sluis (die Urkassette PHILIPS EL 1903, den Mechanismus, sowie den Recorder).

Compact-Cassetten-Sammler können 350 Compact-Cassetten in diesem Sammelbuch listen und ihre Inhalte notieren. Außerdem lassen sich Rauschunterdrückung, Kanäle und Bandmaterial ankreuzen. Vorab wird die welterste Compact-Cassette EL 1903 im zerlegten Zustand vorgestellt. Am Ende werden nützliche Utensilien zur Reinigung und Reparatur von Compact-Cassetten und Compact-Cassetten-Recordern gezeigt.

Uwe H. Sültz
Lünen
Germany

Uwe H. Sültz
Lünen
Germany

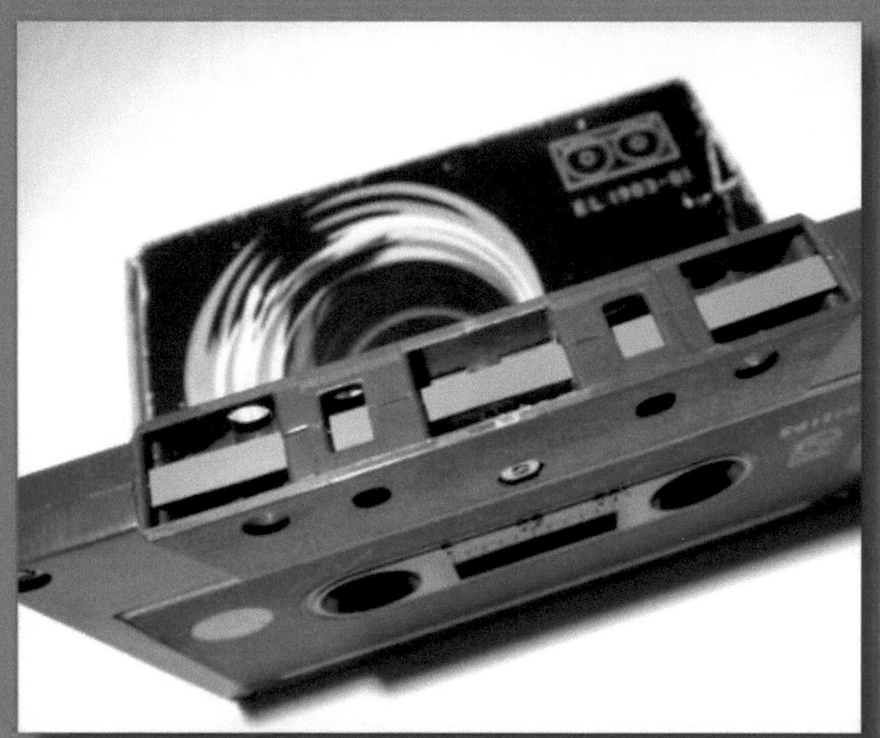

Uwe H. Sültz
Lünen
Germany

Uwe H. Sültz
Lünen
Germany

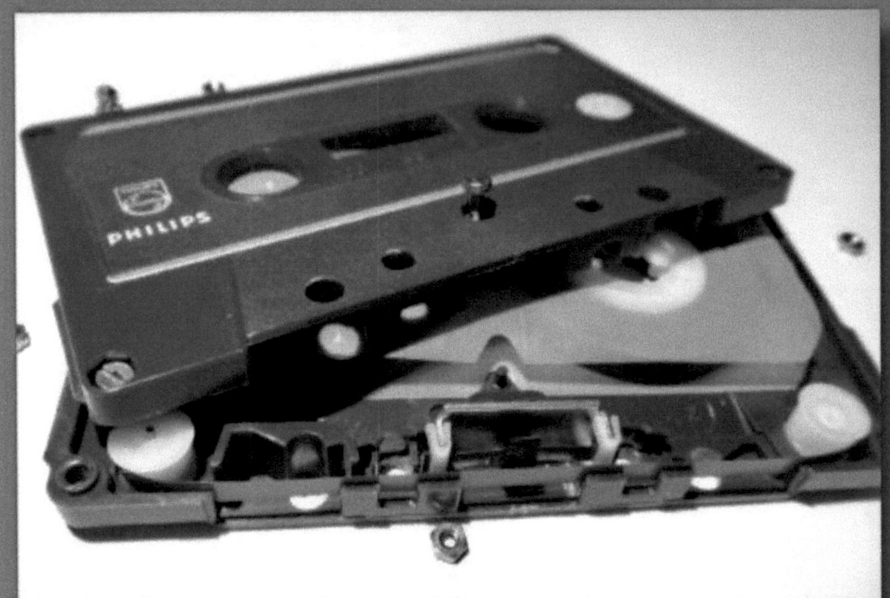

Uwe H. Sültz
Lünen
Germany

Uwe H. Sültz
Lünen
Germany

Uwe H. Sühtz
Lünen
Germany

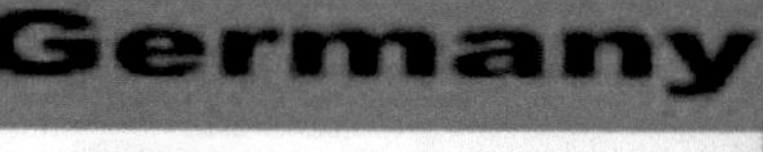

Uwe H. Sühtz
Lünen
Germany

Uwe H. Sültz
Lünen
Germany

Uwe H. Sültz
Lünen
Germany

Compact-Cassetten-Nummer	Titel und Rauschunterdrückung	Inhalt	
		Seite A	**Seite B**

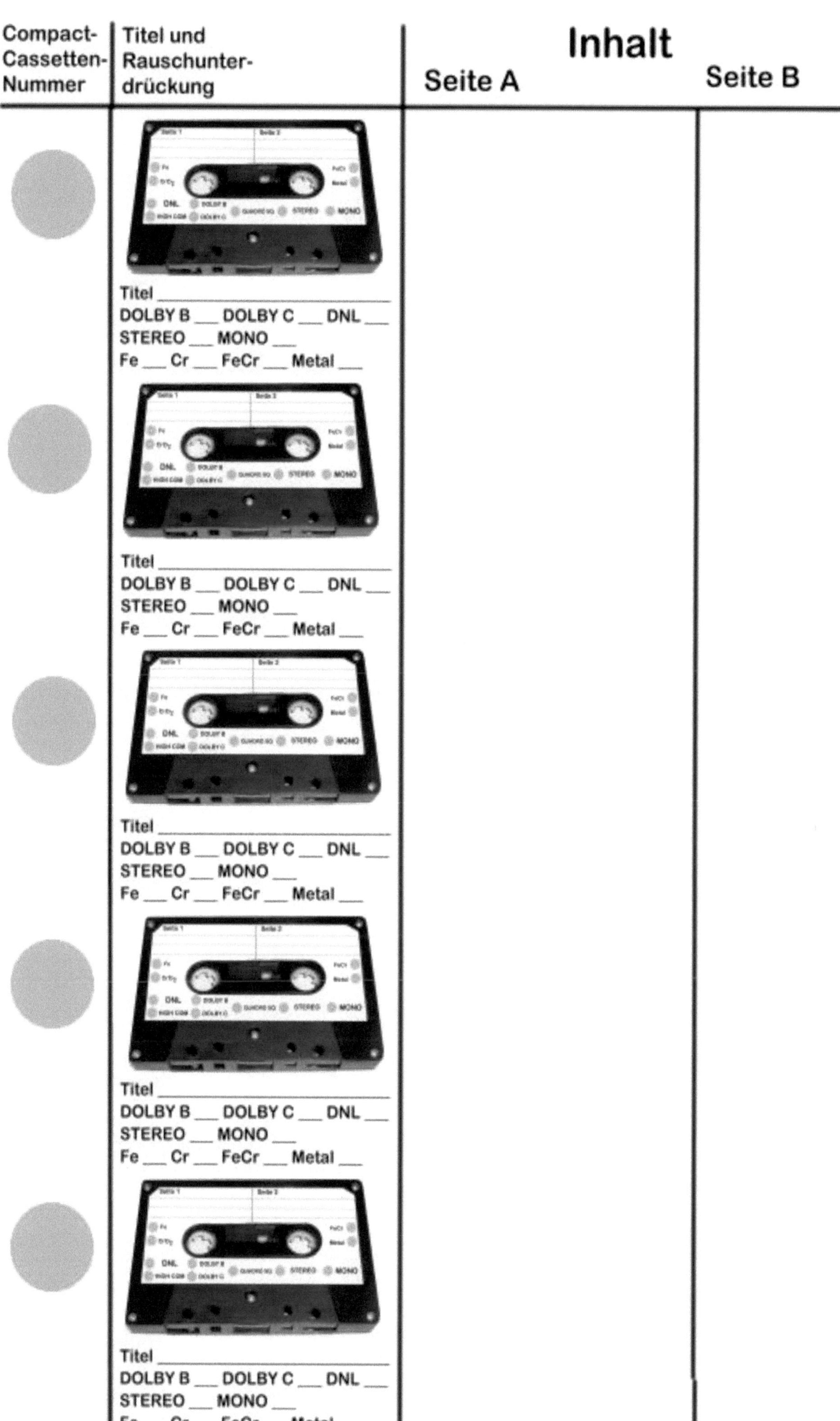

Titel __________________________
DOLBY B ___ DOLBY C ___ DNL ___
STEREO ___ MONO ___
Fe ___ Cr ___ FeCr ___ Metal ___

Titel __________________________
DOLBY B ___ DOLBY C ___ DNL ___
STEREO ___ MONO ___
Fe ___ Cr ___ FeCr ___ Metal ___

Titel __________________________
DOLBY B ___ DOLBY C ___ DNL ___
STEREO ___ MONO ___
Fe ___ Cr ___ FeCr ___ Metal ___

Titel __________________________
DOLBY B ___ DOLBY C ___ DNL ___
STEREO ___ MONO ___
Fe ___ Cr ___ FeCr ___ Metal ___

Titel __________________________
DOLBY B ___ DOLBY C ___ DNL ___
STEREO ___ MONO ___
Fe ___ Cr ___ FeCr ___ Metal ___

<table>
<tr><th>Compact-
Cassetten-
Nummer</th><th>Titel und
Rauschunter-
drückung</th><th colspan="2" style="text-align:center">Inhalt</th></tr>
<tr><th></th><th></th><th>Seite A</th><th>Seite B</th></tr>
</table>

Titel ________________________
DOLBY B ___ DOLBY C ___ DNL ___
STEREO ___ MONO ___
Fe ___ Cr ___ FeCr ___ Metal ___

Titel ________________________
DOLBY B ___ DOLBY C ___ DNL ___
STEREO ___ MONO ___
Fe ___ Cr ___ FeCr ___ Metal ___

Titel ________________________
DOLBY B ___ DOLBY C ___ DNL ___
STEREO ___ MONO ___
Fe ___ Cr ___ FeCr ___ Metal ___

Titel ________________________
DOLBY B ___ DOLBY C ___ DNL ___
STEREO ___ MONO ___
Fe ___ Cr ___ FeCr ___ Metal ___

Titel ________________________
DOLBY B ___ DOLBY C ___ DNL ___
STEREO ___ MONO ___
Fe ___ Cr ___ FeCr ___ Metal ___

<table>
<tr><th>Compact-
Cassetten-
Nummer</th><th>Titel und
Rauschunter-
drückung</th><th colspan="2" align="center">Inhalt</th></tr>
<tr><td></td><td></td><td>Seite A</td><td>Seite B</td></tr>
</table>

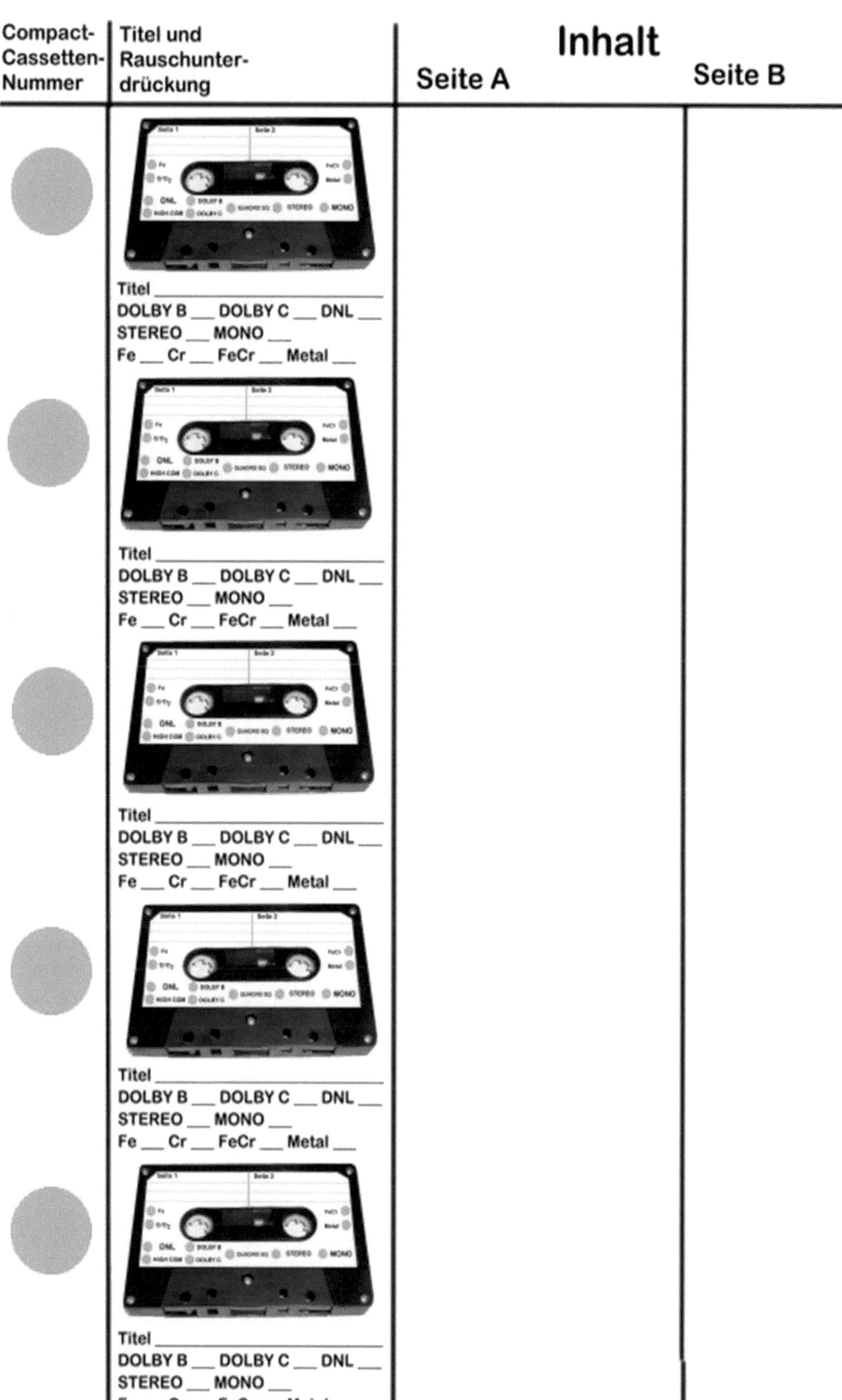

Titel _________________________
DOLBY B ___ DOLBY C ___ DNL ___
STEREO ___ MONO ___
Fe ___ Cr ___ FeCr ___ Metal ___

Titel _________________________
DOLBY B ___ DOLBY C ___ DNL ___
STEREO ___ MONO ___
Fe ___ Cr ___ FeCr ___ Metal ___

Titel _________________________
DOLBY B ___ DOLBY C ___ DNL ___
STEREO ___ MONO ___
Fe ___ Cr ___ FeCr ___ Metal ___

Titel _________________________
DOLBY B ___ DOLBY C ___ DNL ___
STEREO ___ MONO ___
Fe ___ Cr ___ FeCr ___ Metal ___

Titel _________________________
DOLBY B ___ DOLBY C ___ DNL ___
STEREO ___ MONO ___
Fe ___ Cr ___ FeCr ___ Metal ___

<table>
<tr><th>Compact-
Cassetten-
Nummer</th><th>Titel und
Rauschunter-
drückung</th><th colspan="2" style="text-align:center">Inhalt</th></tr>
<tr><th></th><th></th><th>Seite A</th><th>Seite B</th></tr>
</table>

Titel _________________________
DOLBY B ___ DOLBY C ___ DNL ___
STEREO ___ MONO ___
Fe ___ Cr ___ FeCr ___ Metal ___

Titel _________________________
DOLBY B ___ DOLBY C ___ DNL ___
STEREO ___ MONO ___
Fe ___ Cr ___ FeCr ___ Metal ___

Titel _________________________
DOLBY B ___ DOLBY C ___ DNL ___
STEREO ___ MONO ___
Fe ___ Cr ___ FeCr ___ Metal ___

Titel _________________________
DOLBY B ___ DOLBY C ___ DNL ___
STEREO ___ MONO ___
Fe ___ Cr ___ FeCr ___ Metal ___

Titel _________________________
DOLBY B ___ DOLBY C ___ DNL ___
STEREO ___ MONO ___
Fe ___ Cr ___ FeCr ___ Metal ___

<table>
<tr><th>Compact-
Cassetten-
Nummer</th><th>Titel und
Rauschunter-
drückung</th><th colspan="2" align="center">Inhalt</th></tr>
<tr><td></td><td></td><td>Seite A</td><td>Seite B</td></tr>
</table>

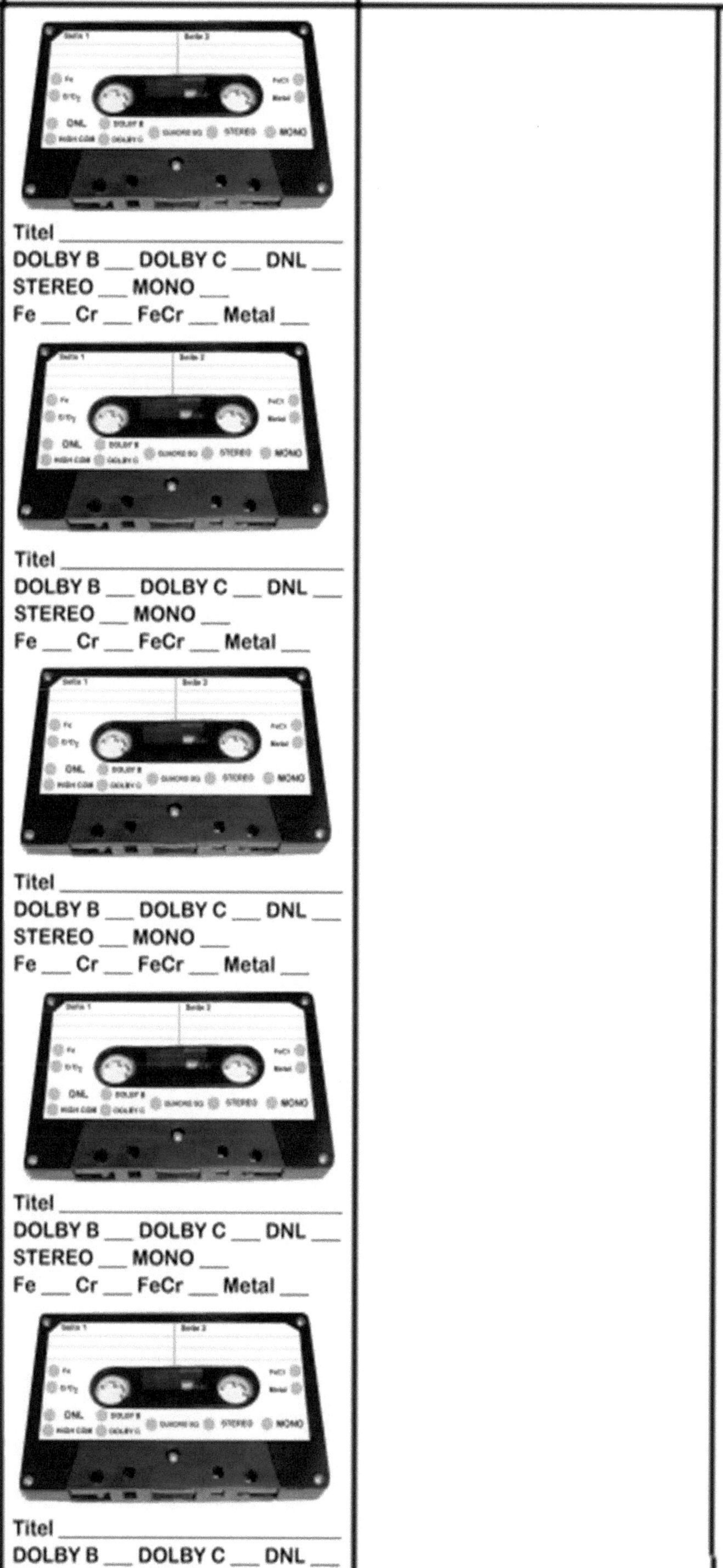

Titel ___________________
DOLBY B ___ DOLBY C ___ DNL ___
STEREO ___ MONO ___
Fe ___ Cr ___ FeCr ___ Metal ___

Titel ___________________
DOLBY B ___ DOLBY C ___ DNL ___
STEREO ___ MONO ___
Fe ___ Cr ___ FeCr ___ Metal ___

Titel ___________________
DOLBY B ___ DOLBY C ___ DNL ___
STEREO ___ MONO ___
Fe ___ Cr ___ FeCr ___ Metal ___

Titel ___________________
DOLBY B ___ DOLBY C ___ DNL ___
STEREO ___ MONO ___
Fe ___ Cr ___ FeCr ___ Metal ___

Titel ___________________
DOLBY B ___ DOLBY C ___ DNL ___
STEREO ___ MONO ___
Fe ___ Cr ___ FeCr ___ Metal ___

<table>
<tr><th>Compact-
Cassetten-
Nummer</th><th>Titel und
Rauschunter-
drückung</th><th colspan="2" align="center"><h1>Inhalt</h1></th></tr>
<tr><th></th><th></th><th>Seite A</th><th>Seite B</th></tr>
</table>

Titel ___________________________
DOLBY B ___ **DOLBY C** ___ **DNL** ___
STEREO ___ **MONO** ___
Fe ___ **Cr** ___ **FeCr** ___ **Metal** ___

Titel ___________________________
DOLBY B ___ **DOLBY C** ___ **DNL** ___
STEREO ___ **MONO** ___
Fe ___ **Cr** ___ **FeCr** ___ **Metal** ___

Titel ___________________________
DOLBY B ___ **DOLBY C** ___ **DNL** ___
STEREO ___ **MONO** ___
Fe ___ **Cr** ___ **FeCr** ___ **Metal** ___

Titel ___________________________
DOLBY B ___ **DOLBY C** ___ **DNL** ___
STEREO ___ **MONO** ___
Fe ___ **Cr** ___ **FeCr** ___ **Metal** ___

Titel ___________________________
DOLBY B ___ **DOLBY C** ___ **DNL** ___
STEREO ___ **MONO** ___
Fe ___ **Cr** ___ **FeCr** ___ **Metal** ___

Compact-Cassetten-Nummer	Titel und Rauschunter-drückung	Inhalt	
		Seite A	**Seite B**

Titel __________________________
DOLBY B ___ DOLBY C ___ DNL ___
STEREO ___ MONO ___
Fe ___ Cr ___ FeCr ___ Metal ___

Titel __________________________
DOLBY B ___ DOLBY C ___ DNL ___
STEREO ___ MONO ___
Fe ___ Cr ___ FeCr ___ Metal ___

Titel __________________________
DOLBY B ___ DOLBY C ___ DNL ___
STEREO ___ MONO ___
Fe ___ Cr ___ FeCr ___ Metal ___

Titel __________________________
DOLBY B ___ DOLBY C ___ DNL ___
STEREO ___ MONO ___
Fe ___ Cr ___ FeCr ___ Metal ___

Titel __________________________
DOLBY B ___ DOLBY C ___ DNL ___
STEREO ___ MONO ___
Fe ___ Cr ___ FeCr ___ Metal ___

<table>
<tr><th>Compact-
Cassetten-
Nummer</th><th>Titel und
Rauschunter-
drückung</th><th colspan="2" align="center">Inhalt
Seite A</th><th>Seite B</th></tr>
</table>

Titel _______________________
DOLBY B ___ DOLBY C ___ DNL ___
STEREO ___ MONO ___
Fe ___ Cr ___ FeCr ___ Metal ___

Titel _______________________
DOLBY B ___ DOLBY C ___ DNL ___
STEREO ___ MONO ___
Fe ___ Cr ___ FeCr ___ Metal ___

Titel _______________________
DOLBY B ___ DOLBY C ___ DNL ___
STEREO ___ MONO ___
Fe ___ Cr ___ FeCr ___ Metal ___

Titel _______________________
DOLBY B ___ DOLBY C ___ DNL ___
STEREO ___ MONO ___
Fe ___ Cr ___ FeCr ___ Metal ___

Titel _______________________
DOLBY B ___ DOLBY C ___ DNL ___
STEREO ___ MONO ___
Fe ___ Cr ___ FeCr ___ Metal ___

<table>
<tr><td>Compact-
Cassetten-
Nummer</td><td>Titel und
Rauschunter-
drückung</td><td colspan="2" align="center">Inhalt</td></tr>
<tr><td></td><td></td><td>Seite A</td><td>Seite B</td></tr>
</table>

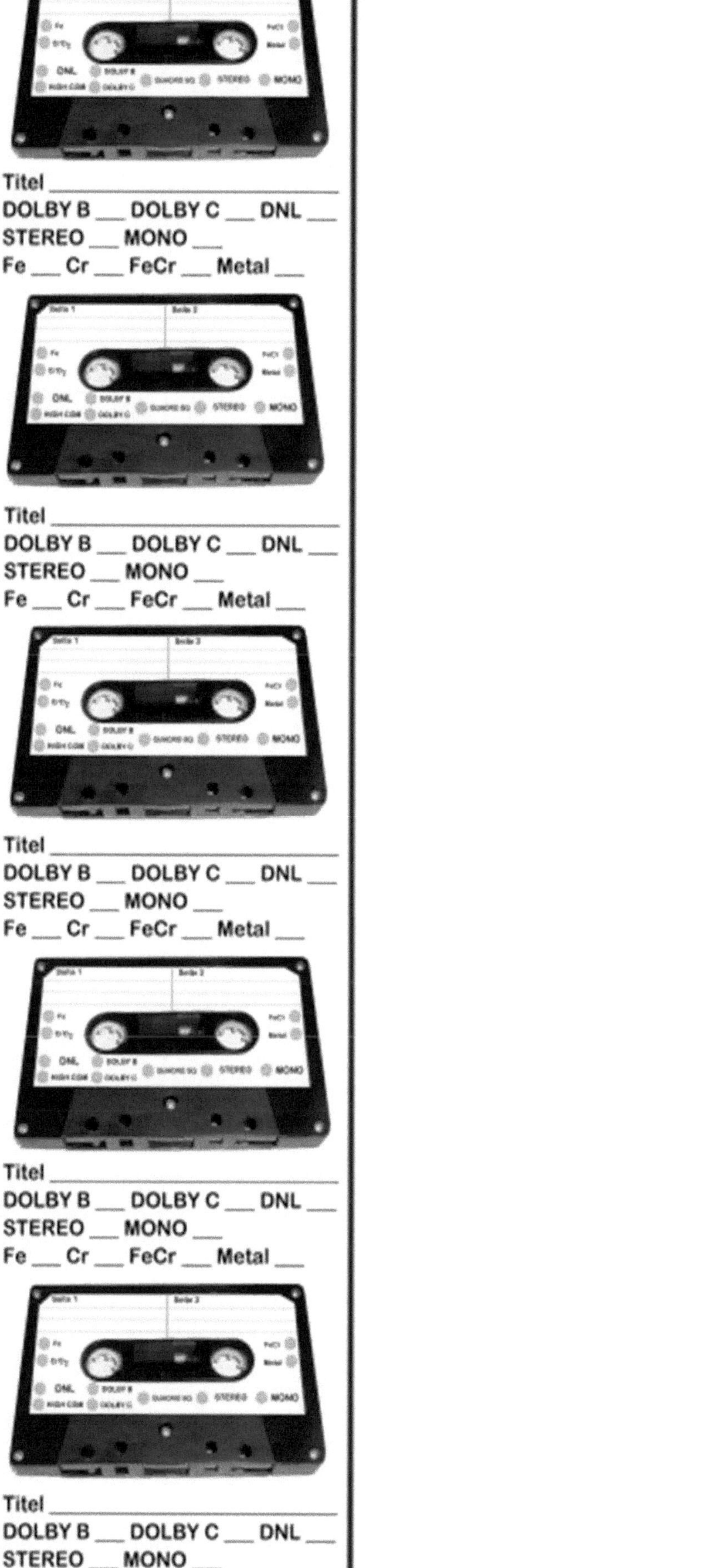

Titel ________________________
DOLBY B ___ DOLBY C ___ DNL ___
STEREO ___ MONO ___
Fe ___ Cr ___ FeCr ___ Metal ___

Titel ________________________
DOLBY B ___ DOLBY C ___ DNL ___
STEREO ___ MONO ___
Fe ___ Cr ___ FeCr ___ Metal ___

Titel ________________________
DOLBY B ___ DOLBY C ___ DNL ___
STEREO ___ MONO ___
Fe ___ Cr ___ FeCr ___ Metal ___

Titel ________________________
DOLBY B ___ DOLBY C ___ DNL ___
STEREO ___ MONO ___
Fe ___ Cr ___ FeCr ___ Metal ___

Titel ________________________
DOLBY B ___ DOLBY C ___ DNL ___
STEREO ___ MONO ___
Fe ___ Cr ___ FeCr ___ Metal ___

<table>
<tr><td>Compact-
Cassetten-
Nummer</td><td>Titel und
Rauschunter-
drückung</td><td colspan="2" align="center">Inhalt</td></tr>
<tr><td></td><td></td><td>Seite A</td><td>Seite B</td></tr>
</table>

Titel _______________________________
DOLBY B ___ DOLBY C ___ DNL ___
STEREO ___ MONO ___
Fe ___ Cr ___ FeCr ___ Metal ___

Titel _______________________________
DOLBY B ___ DOLBY C ___ DNL ___
STEREO ___ MONO ___
Fe ___ Cr ___ FeCr ___ Metal ___

Titel _______________________________
DOLBY B ___ DOLBY C ___ DNL ___
STEREO ___ MONO ___
Fe ___ Cr ___ FeCr ___ Metal ___

Titel _______________________________
DOLBY B ___ DOLBY C ___ DNL ___
STEREO ___ MONO ___
Fe ___ Cr ___ FeCr ___ Metal ___

Titel _______________________________
DOLBY B ___ DOLBY C ___ DNL ___
STEREO ___ MONO ___
Fe ___ Cr ___ FeCr ___ Metal ___

<table>
<tr><th>Compact-
Cassetten-
Nummer</th><th>Titel und
Rauschunter-
drückung</th><th colspan="2" align="center">Inhalt</th></tr>
<tr><td></td><td></td><td>Seite A</td><td>Seite B</td></tr>
</table>

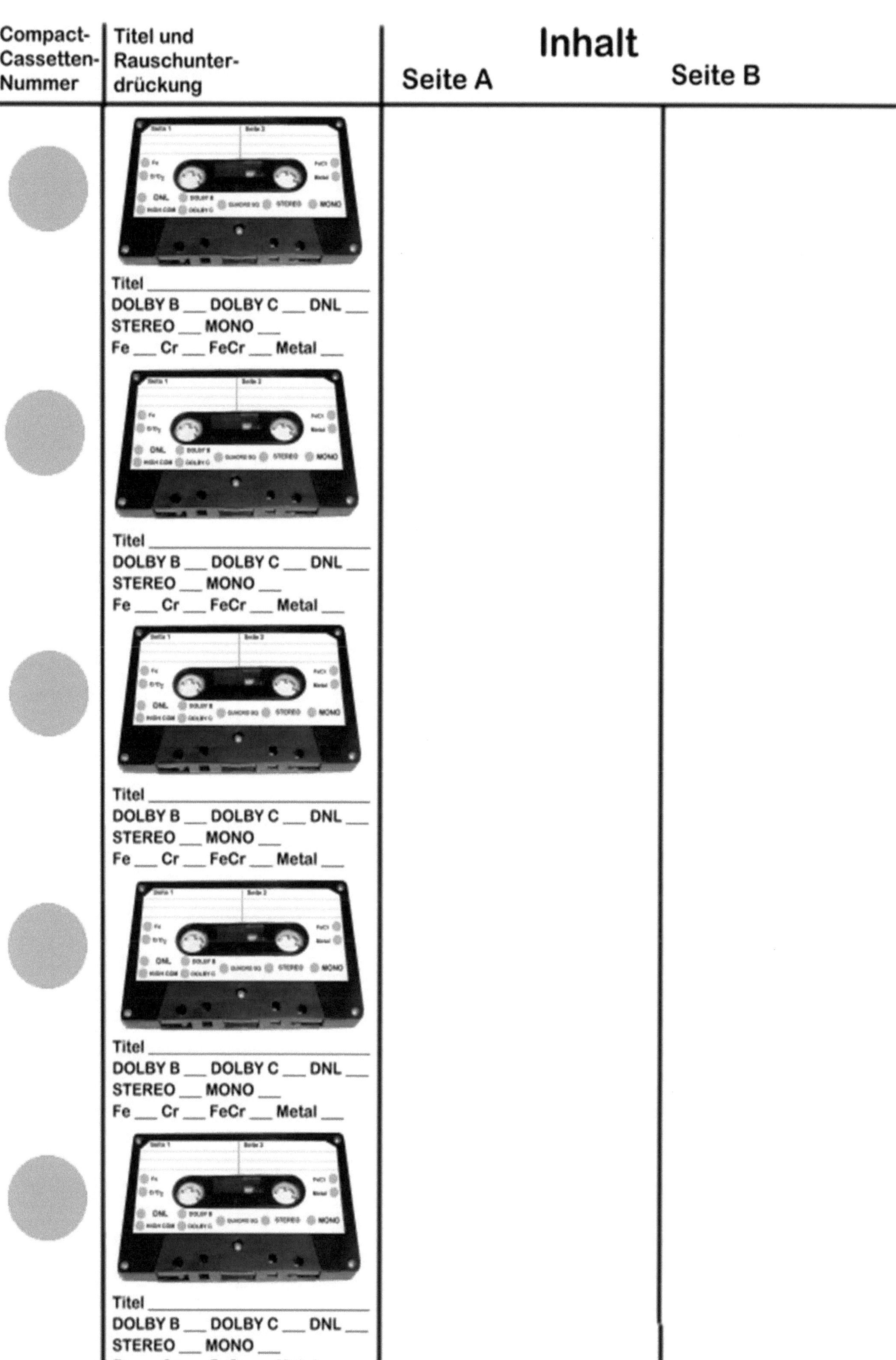

Titel _______________________
DOLBY B ___ DOLBY C ___ DNL ___
STEREO ___ MONO ___
Fe ___ Cr ___ FeCr ___ Metal ___

Titel _______________________
DOLBY B ___ DOLBY C ___ DNL ___
STEREO ___ MONO ___
Fe ___ Cr ___ FeCr ___ Metal ___

Titel _______________________
DOLBY B ___ DOLBY C ___ DNL ___
STEREO ___ MONO ___
Fe ___ Cr ___ FeCr ___ Metal ___

Titel _______________________
DOLBY B ___ DOLBY C ___ DNL ___
STEREO ___ MONO ___
Fe ___ Cr ___ FeCr ___ Metal ___

Titel _______________________
DOLBY B ___ DOLBY C ___ DNL ___
STEREO ___ MONO ___
Fe ___ Cr ___ FeCr ___ Metal ___

<table>
<tr><th>Compact-
Cassetten-
Nummer</th><th>Titel und
Rauschunter-
drückung</th><th colspan="2" align="center">Inhalt</th></tr>
<tr><td></td><td></td><td>Seite A</td><td>Seite B</td></tr>
</table>

Titel _______________________
DOLBY B ___ DOLBY C ___ DNL ___
STEREO ___ MONO ___
Fe ___ Cr ___ FeCr ___ Metal ___

Titel _______________________
DOLBY B ___ DOLBY C ___ DNL ___
STEREO ___ MONO ___
Fe ___ Cr ___ FeCr ___ Metal ___

Titel _______________________
DOLBY B ___ DOLBY C ___ DNL ___
STEREO ___ MONO ___
Fe ___ Cr ___ FeCr ___ Metal ___

Titel _______________________
DOLBY B ___ DOLBY C ___ DNL ___
STEREO ___ MONO ___
Fe ___ Cr ___ FeCr ___ Metal ___

Titel _______________________
DOLBY B ___ DOLBY C ___ DNL ___
STEREO ___ MONO ___
Fe ___ Cr ___ FeCr ___ Metal ___

<table>
<tr><th>Compact-
Cassetten-
Nummer</th><th>Titel und
Rauschunter-
drückung</th><th colspan="2" align="center"><h1>Inhalt</h1></th></tr>
<tr><th></th><th></th><th>Seite A</th><th>Seite B</th></tr>
</table>

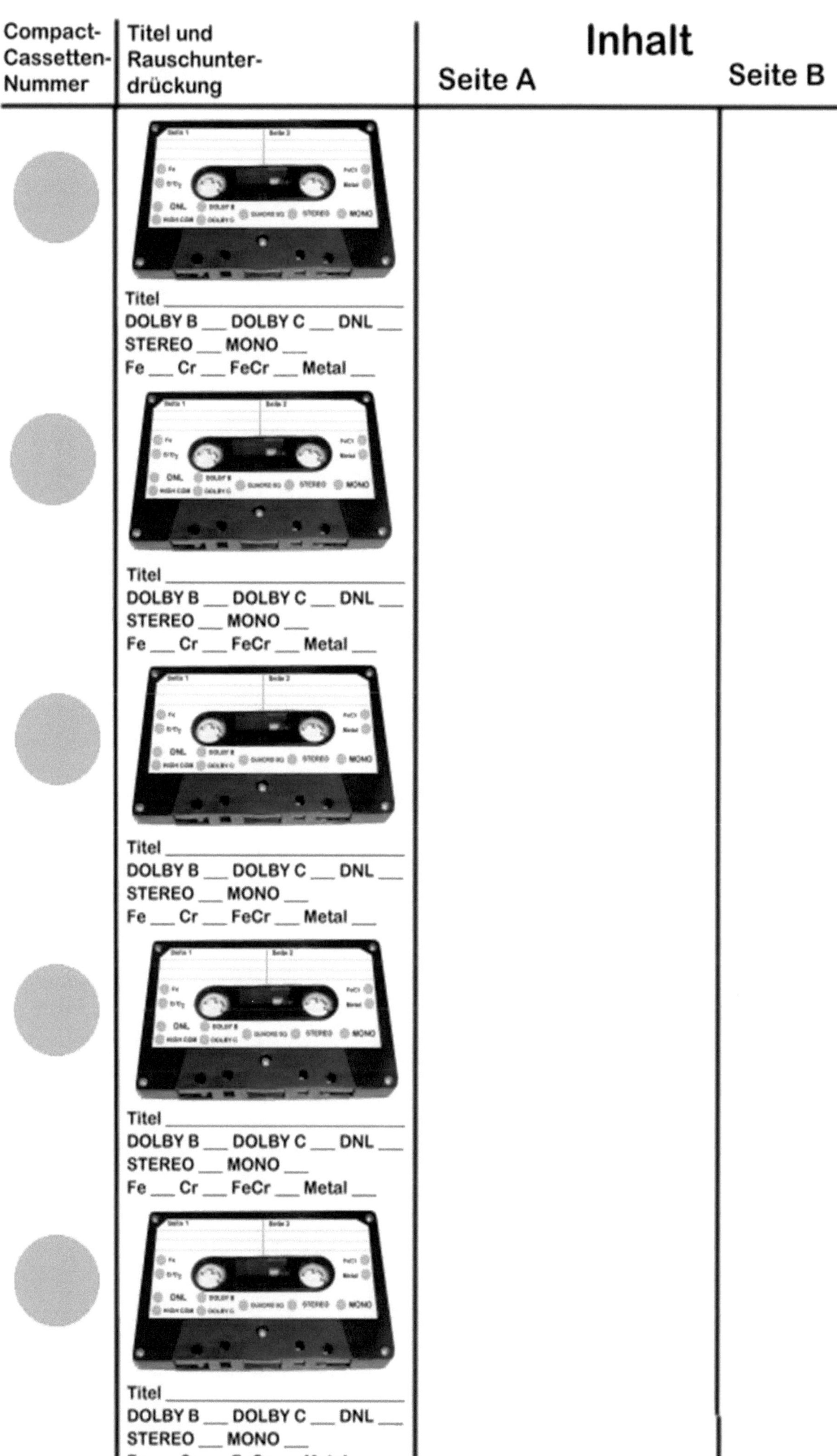

Titel _______________________
DOLBY B ___ DOLBY C ___ DNL ___
STEREO ___ MONO ___
Fe ___ Cr ___ FeCr ___ Metal ___

Titel _______________________
DOLBY B ___ DOLBY C ___ DNL ___
STEREO ___ MONO ___
Fe ___ Cr ___ FeCr ___ Metal ___

Titel _______________________
DOLBY B ___ DOLBY C ___ DNL ___
STEREO ___ MONO ___
Fe ___ Cr ___ FeCr ___ Metal ___

Titel _______________________
DOLBY B ___ DOLBY C ___ DNL ___
STEREO ___ MONO ___
Fe ___ Cr ___ FeCr ___ Metal ___

Titel _______________________
DOLBY B ___ DOLBY C ___ DNL ___
STEREO ___ MONO ___
Fe ___ Cr ___ FeCr ___ Metal ___

Compact-Cassetten-Nummer	Titel und Rauschunter-drückung	Inhalt	
		Seite A	**Seite B**

Titel _______________________________
DOLBY B ___ DOLBY C ___ DNL ___
STEREO ___ MONO ___
Fe ___ Cr ___ FeCr ___ Metal ___

Titel _______________________________
DOLBY B ___ DOLBY C ___ DNL ___
STEREO ___ MONO ___
Fe ___ Cr ___ FeCr ___ Metal ___

Titel _______________________________
DOLBY B ___ DOLBY C ___ DNL ___
STEREO ___ MONO ___
Fe ___ Cr ___ FeCr ___ Metal ___

Titel _______________________________
DOLBY B ___ DOLBY C ___ DNL ___
STEREO ___ MONO ___
Fe ___ Cr ___ FeCr ___ Metal ___

Titel _______________________________
DOLBY B ___ DOLBY C ___ DNL ___
STEREO ___ MONO ___
Fe ___ Cr ___ FeCr ___ Metal ___

<table>
<thead>
<tr><th>Compact-
Cassetten-
Nummer</th><th>Titel und
Rauschunter-
drückung</th><th colspan="2" align="center"><h1>Inhalt</h1></th></tr>
<tr><th></th><th></th><th>Seite A</th><th>Seite B</th></tr>
</thead>
<tbody>
<tr>
<td></td>
<td>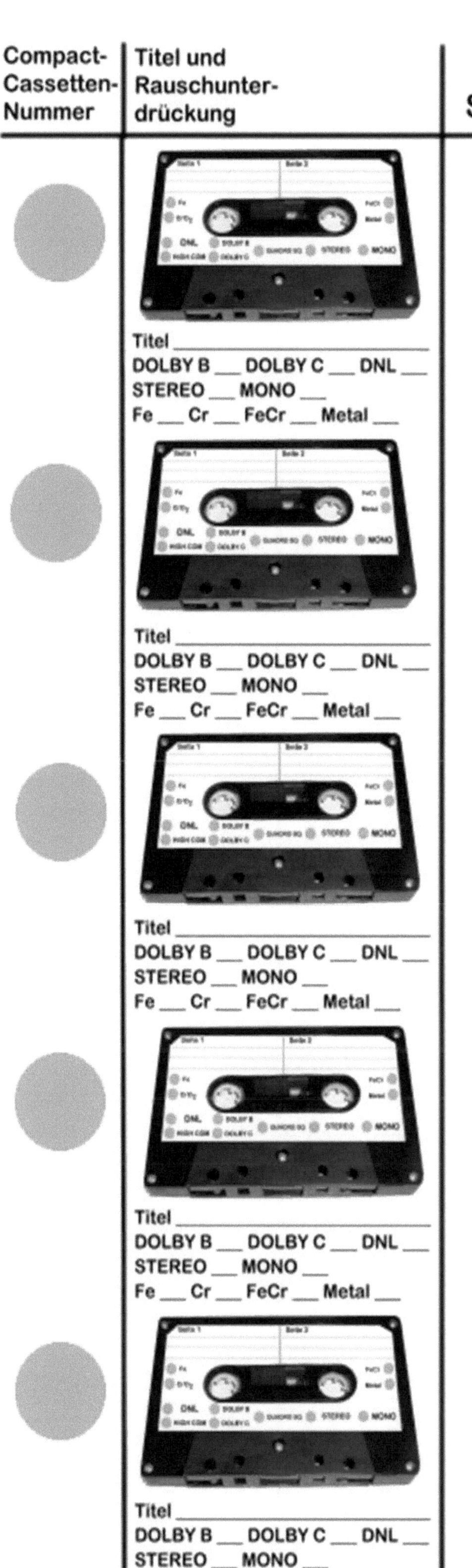

Titel _______________
DOLBY B ___ DOLBY C ___ DNL ___
STEREO ___ MONO ___
Fe ___ Cr ___ FeCr ___ Metal ___

Titel _______________
DOLBY B ___ DOLBY C ___ DNL ___
STEREO ___ MONO ___
Fe ___ Cr ___ FeCr ___ Metal ___

Titel _______________
DOLBY B ___ DOLBY C ___ DNL ___
STEREO ___ MONO ___
Fe ___ Cr ___ FeCr ___ Metal ___

Titel _______________
DOLBY B ___ DOLBY C ___ DNL ___
STEREO ___ MONO ___
Fe ___ Cr ___ FeCr ___ Metal ___

Titel _______________
DOLBY B ___ DOLBY C ___ DNL ___
STEREO ___ MONO ___
Fe ___ Cr ___ FeCr ___ Metal ___</td>
<td></td>
<td></td>
</tr>
</tbody>
</table>

<table>
<tr><td>Compact-
Cassetten-
Nummer</td><td>Titel und
Rauschunter-
drückung</td><td colspan="2" align="center">Inhalt</td></tr>
<tr><td></td><td></td><td>Seite A</td><td>Seite B</td></tr>
</table>

Titel ____________________
DOLBY B ___ DOLBY C ___ DNL ___
STEREO ___ MONO ___
Fe ___ Cr ___ FeCr ___ Metal ___

Titel ____________________
DOLBY B ___ DOLBY C ___ DNL ___
STEREO ___ MONO ___
Fe ___ Cr ___ FeCr ___ Metal ___

Titel ____________________
DOLBY B ___ DOLBY C ___ DNL ___
STEREO ___ MONO ___
Fe ___ Cr ___ FeCr ___ Metal ___

Titel ____________________
DOLBY B ___ DOLBY C ___ DNL ___
STEREO ___ MONO ___
Fe ___ Cr ___ FeCr ___ Metal ___

Titel ____________________
DOLBY B ___ DOLBY C ___ DNL ___
STEREO ___ MONO ___
Fe ___ Cr ___ FeCr ___ Metal ___

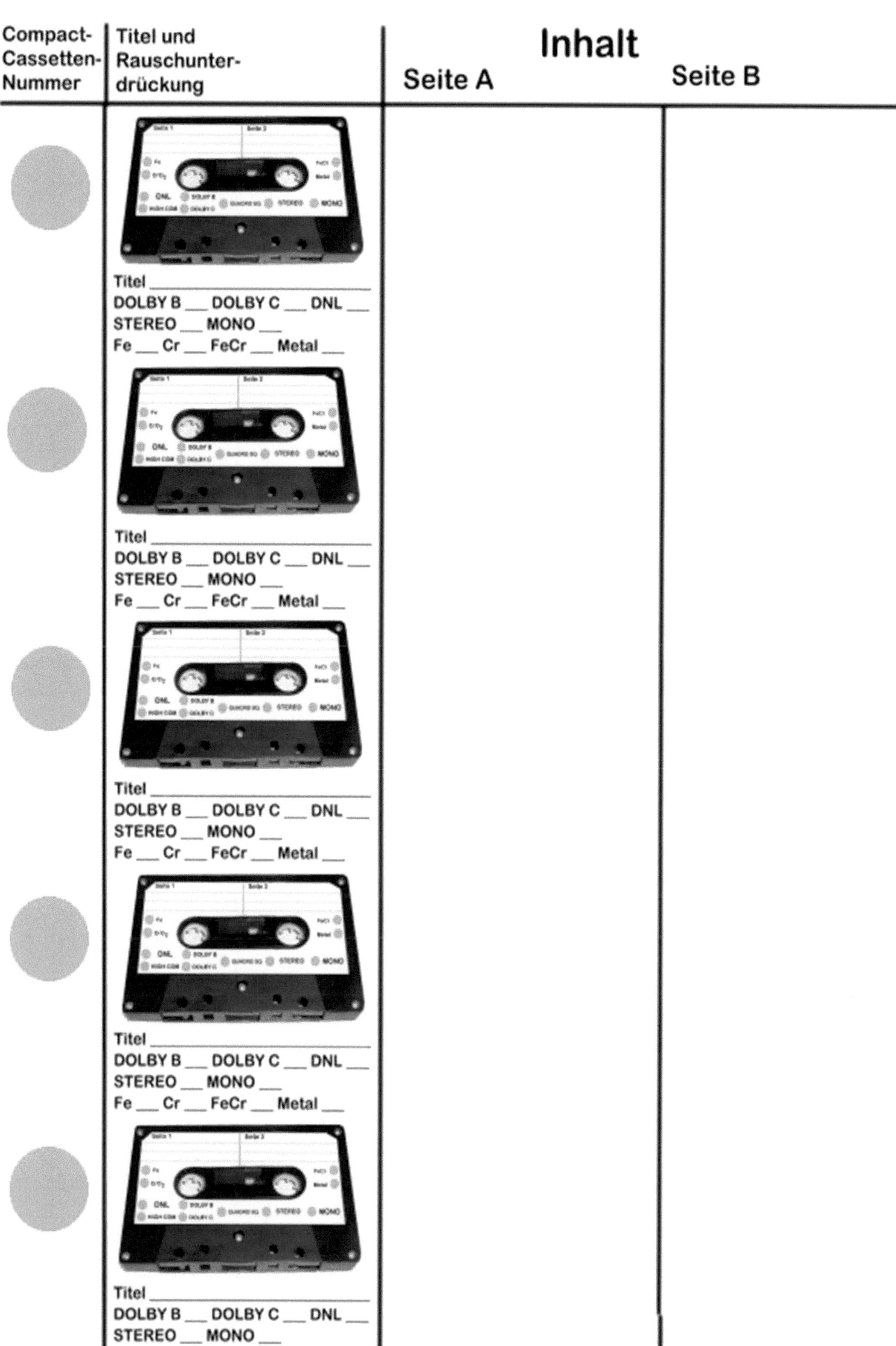

Compact-Cassetten-Nummer	Titel und Rauschunter-drückung	Inhalt	
		Seite A	Seite B

Titel _________________________
DOLBY B ___ DOLBY C ___ DNL ___
STEREO ___ MONO ___
Fe ___ Cr ___ FeCr ___ Metal ___

Titel _________________________
DOLBY B ___ DOLBY C ___ DNL ___
STEREO ___ MONO ___
Fe ___ Cr ___ FeCr ___ Metal ___

Titel _________________________
DOLBY B ___ DOLBY C ___ DNL ___
STEREO ___ MONO ___
Fe ___ Cr ___ FeCr ___ Metal ___

Titel _________________________
DOLBY B ___ DOLBY C ___ DNL ___
STEREO ___ MONO ___
Fe ___ Cr ___ FeCr ___ Metal ___

Titel _________________________
DOLBY B ___ DOLBY C ___ DNL ___
STEREO ___ MONO ___
Fe ___ Cr ___ FeCr ___ Metal ___

<table>
<tr><th>Compact-
Cassetten-
Nummer</th><th>Titel und
Rauschunter-
drückung</th><th colspan="2" align="center"><h2>Inhalt</h2></th></tr>
<tr><td></td><td></td><td>Seite A</td><td>Seite B</td></tr>
</table>

Titel _______________________
DOLBY B ___ DOLBY C ___ DNL ___
STEREO ___ MONO ___
Fe ___ Cr ___ FeCr ___ Metal ___

Titel _______________________
DOLBY B ___ DOLBY C ___ DNL ___
STEREO ___ MONO ___
Fe ___ Cr ___ FeCr ___ Metal ___

Titel _______________________
DOLBY B ___ DOLBY C ___ DNL ___
STEREO ___ MONO ___
Fe ___ Cr ___ FeCr ___ Metal ___

Titel _______________________
DOLBY B ___ DOLBY C ___ DNL ___
STEREO ___ MONO ___
Fe ___ Cr ___ FeCr ___ Metal ___

Titel _______________________
DOLBY B ___ DOLBY C ___ DNL ___
STEREO ___ MONO ___
Fe ___ Cr ___ FeCr ___ Metal ___

Compact-Cassetten-Nummer	Titel und Rauschunterdrückung	Inhalt	
		Seite A	**Seite B**

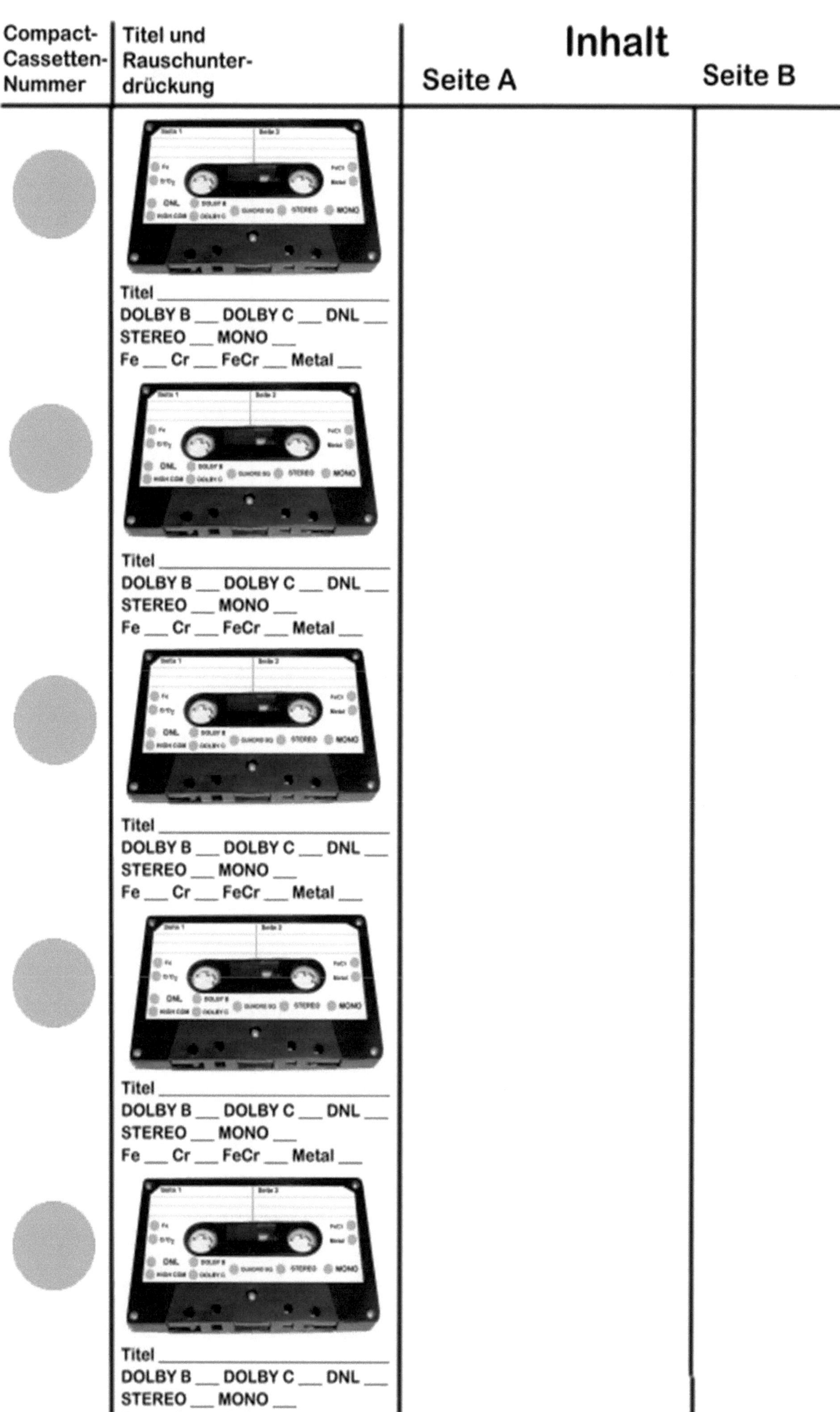

Titel ________________________
DOLBY B ___ DOLBY C ___ DNL ___
STEREO ___ MONO ___
Fe ___ Cr ___ FeCr ___ Metal ___

Titel ________________________
DOLBY B ___ DOLBY C ___ DNL ___
STEREO ___ MONO ___
Fe ___ Cr ___ FeCr ___ Metal ___

Titel ________________________
DOLBY B ___ DOLBY C ___ DNL ___
STEREO ___ MONO ___
Fe ___ Cr ___ FeCr ___ Metal ___

Titel ________________________
DOLBY B ___ DOLBY C ___ DNL ___
STEREO ___ MONO ___
Fe ___ Cr ___ FeCr ___ Metal ___

Titel ________________________
DOLBY B ___ DOLBY C ___ DNL ___
STEREO ___ MONO ___
Fe ___ Cr ___ FeCr ___ Metal ___

Compact-Cassetten-Nummer	Titel und Rauschunter-drückung	Inhalt	
		Seite A	**Seite B**

Titel ______________________
DOLBY B ___ DOLBY C ___ DNL ___
STEREO ___ MONO ___
Fe ___ Cr ___ FeCr ___ Metal ___

Titel ______________________
DOLBY B ___ DOLBY C ___ DNL ___
STEREO ___ MONO ___
Fe ___ Cr ___ FeCr ___ Metal ___

Titel ______________________
DOLBY B ___ DOLBY C ___ DNL ___
STEREO ___ MONO ___
Fe ___ Cr ___ FeCr ___ Metal ___

Titel ______________________
DOLBY B ___ DOLBY C ___ DNL ___
STEREO ___ MONO ___
Fe ___ Cr ___ FeCr ___ Metal ___

Titel ______________________
DOLBY B ___ DOLBY C ___ DNL ___
STEREO ___ MONO ___
Fe ___ Cr ___ FeCr ___ Metal ___

<table>
<tr><td>Compact-
Cassetten-
Nummer</td><td>Titel und
Rauschunter-
drückung</td><td colspan="2" align="center"><h1>Inhalt</h1></td></tr>
<tr><td></td><td></td><td>Seite A</td><td>Seite B</td></tr>
</table>

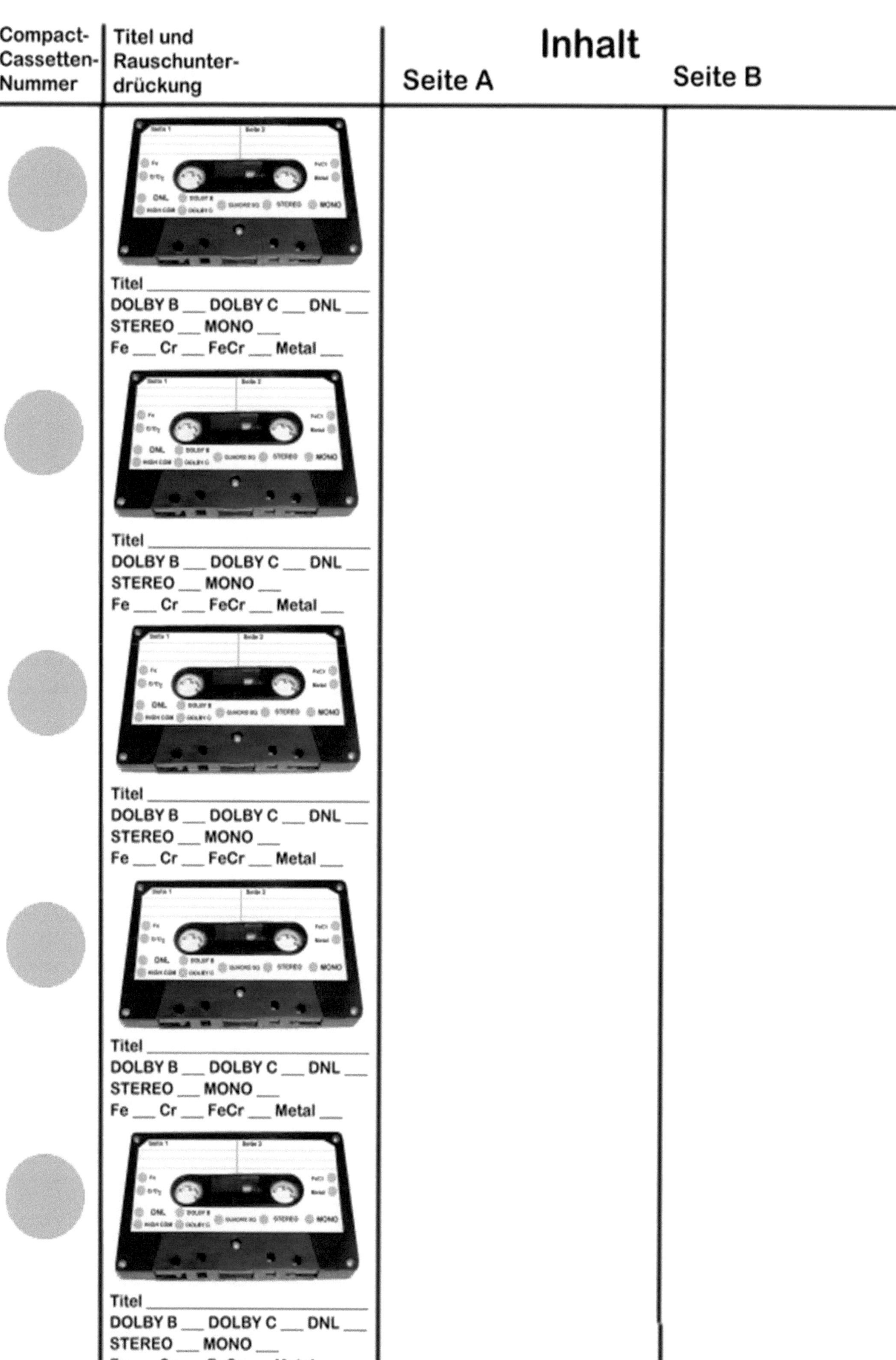

Titel _________________________
DOLBY B ___ DOLBY C ___ DNL ___
STEREO ___ MONO ___
Fe ___ Cr ___ FeCr ___ Metal ___

Titel _________________________
DOLBY B ___ DOLBY C ___ DNL ___
STEREO ___ MONO ___
Fe ___ Cr ___ FeCr ___ Metal ___

Titel _________________________
DOLBY B ___ DOLBY C ___ DNL ___
STEREO ___ MONO ___
Fe ___ Cr ___ FeCr ___ Metal ___

Titel _________________________
DOLBY B ___ DOLBY C ___ DNL ___
STEREO ___ MONO ___
Fe ___ Cr ___ FeCr ___ Metal ___

Titel _________________________
DOLBY B ___ DOLBY C ___ DNL ___
STEREO ___ MONO ___
Fe ___ Cr ___ FeCr ___ Metal ___

| Compact-Cassetten-Nummer | Titel und Rauschunter-drückung | Inhalt | |
		Seite A	Seite B
⬤	 Titel _______________ DOLBY B ___ DOLBY C ___ DNL ___ STEREO ___ MONO ___ Fe ___ Cr ___ FeCr ___ Metal ___		
⬤	 Titel _______________ DOLBY B ___ DOLBY C ___ DNL ___ STEREO ___ MONO ___ Fe ___ Cr ___ FeCr ___ Metal ___		
⬤	 Titel _______________ DOLBY B ___ DOLBY C ___ DNL ___ STEREO ___ MONO ___ Fe ___ Cr ___ FeCr ___ Metal ___		
⬤	 Titel _______________ DOLBY B ___ DOLBY C ___ DNL ___ STEREO ___ MONO ___ Fe ___ Cr ___ FeCr ___ Metal ___		
⬤	 Titel _______________ DOLBY B ___ DOLBY C ___ DNL ___ STEREO ___ MONO ___ Fe ___ Cr ___ FeCr ___ Metal ___		

<table>
<tr><td>Compact-
Cassetten-
Nummer</td><td>Titel und
Rauschunter-
drückung</td><td colspan="2" align="center"><h1>Inhalt</h1>Seite A</td><td>Seite B</td></tr>
</table>

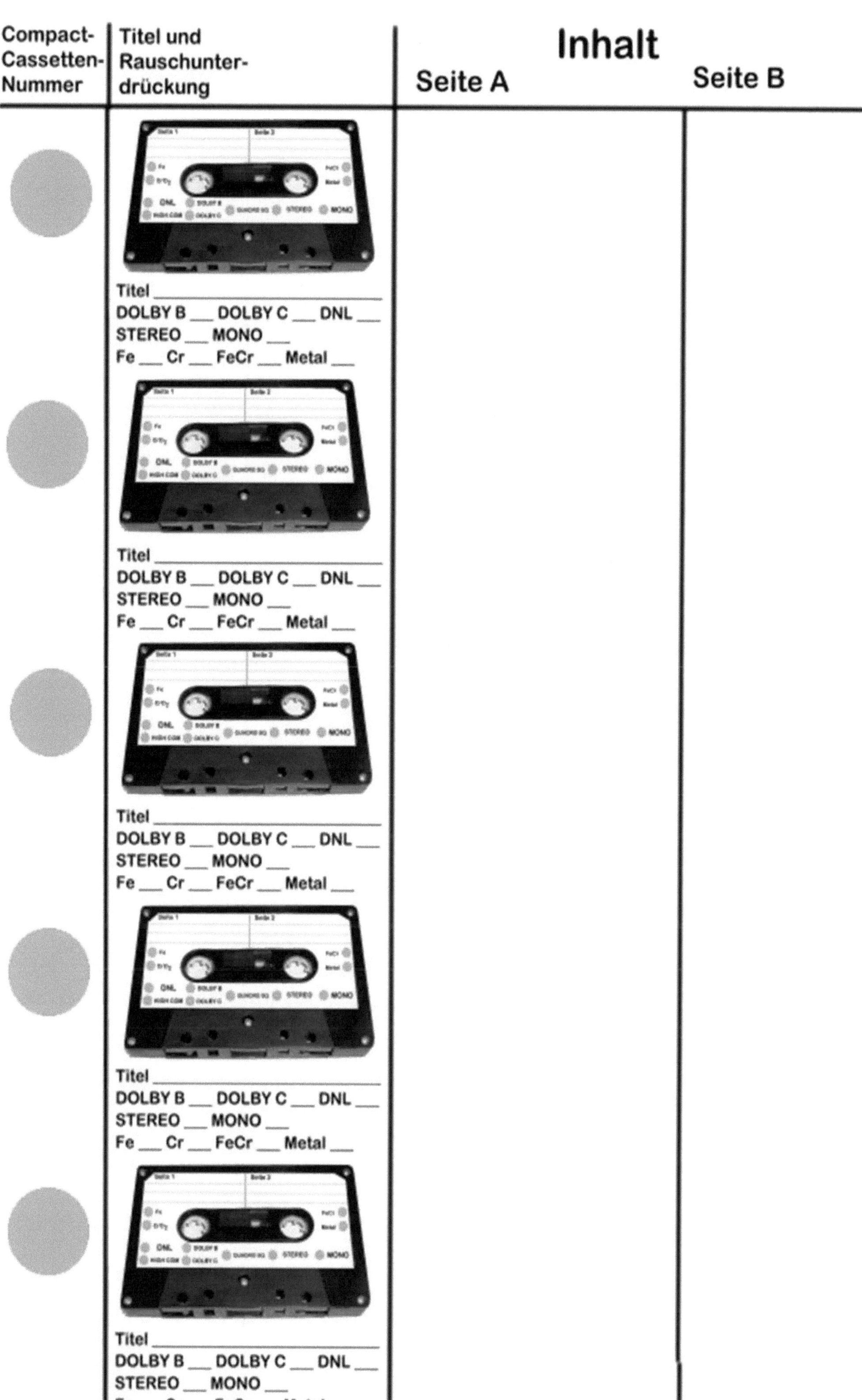

Titel _______________________
DOLBY B ___ DOLBY C ___ DNL ___
STEREO ___ MONO ___
Fe ___ Cr ___ FeCr ___ Metal ___

Titel _______________________
DOLBY B ___ DOLBY C ___ DNL ___
STEREO ___ MONO ___
Fe ___ Cr ___ FeCr ___ Metal ___

Titel _______________________
DOLBY B ___ DOLBY C ___ DNL ___
STEREO ___ MONO ___
Fe ___ Cr ___ FeCr ___ Metal ___

Titel _______________________
DOLBY B ___ DOLBY C ___ DNL ___
STEREO ___ MONO ___
Fe ___ Cr ___ FeCr ___ Metal ___

Titel _______________________
DOLBY B ___ DOLBY C ___ DNL ___
STEREO ___ MONO ___
Fe ___ Cr ___ FeCr ___ Metal ___

<table>
<tr><th>Compact-
Cassetten-
Nummer</th><th>Titel und
Rauschunter-
drückung</th><th colspan="2" style="text-align:center">Inhalt</th></tr>
<tr><th></th><th></th><th>Seite A</th><th>Seite B</th></tr>
</table>

Titel __________________________
DOLBY B ___ DOLBY C ___ DNL ___
STEREO ___ MONO ___
Fe ___ Cr ___ FeCr ___ Metal ___

Titel __________________________
DOLBY B ___ DOLBY C ___ DNL ___
STEREO ___ MONO ___
Fe ___ Cr ___ FeCr ___ Metal ___

Titel __________________________
DOLBY B ___ DOLBY C ___ DNL ___
STEREO ___ MONO ___
Fe ___ Cr ___ FeCr ___ Metal ___

Titel __________________________
DOLBY B ___ DOLBY C ___ DNL ___
STEREO ___ MONO ___
Fe ___ Cr ___ FeCr ___ Metal ___

Titel __________________________
DOLBY B ___ DOLBY C ___ DNL ___
STEREO ___ MONO ___
Fe ___ Cr ___ FeCr ___ Metal ___

<table>
<tr><th>Compact-
Cassetten-
Nummer</th><th>Titel und
Rauschunter-
drückung</th><th colspan="2" align="center"><h1>Inhalt</h1></th></tr>
<tr><th></th><th></th><th>Seite A</th><th>Seite B</th></tr>
<tr><td></td><td>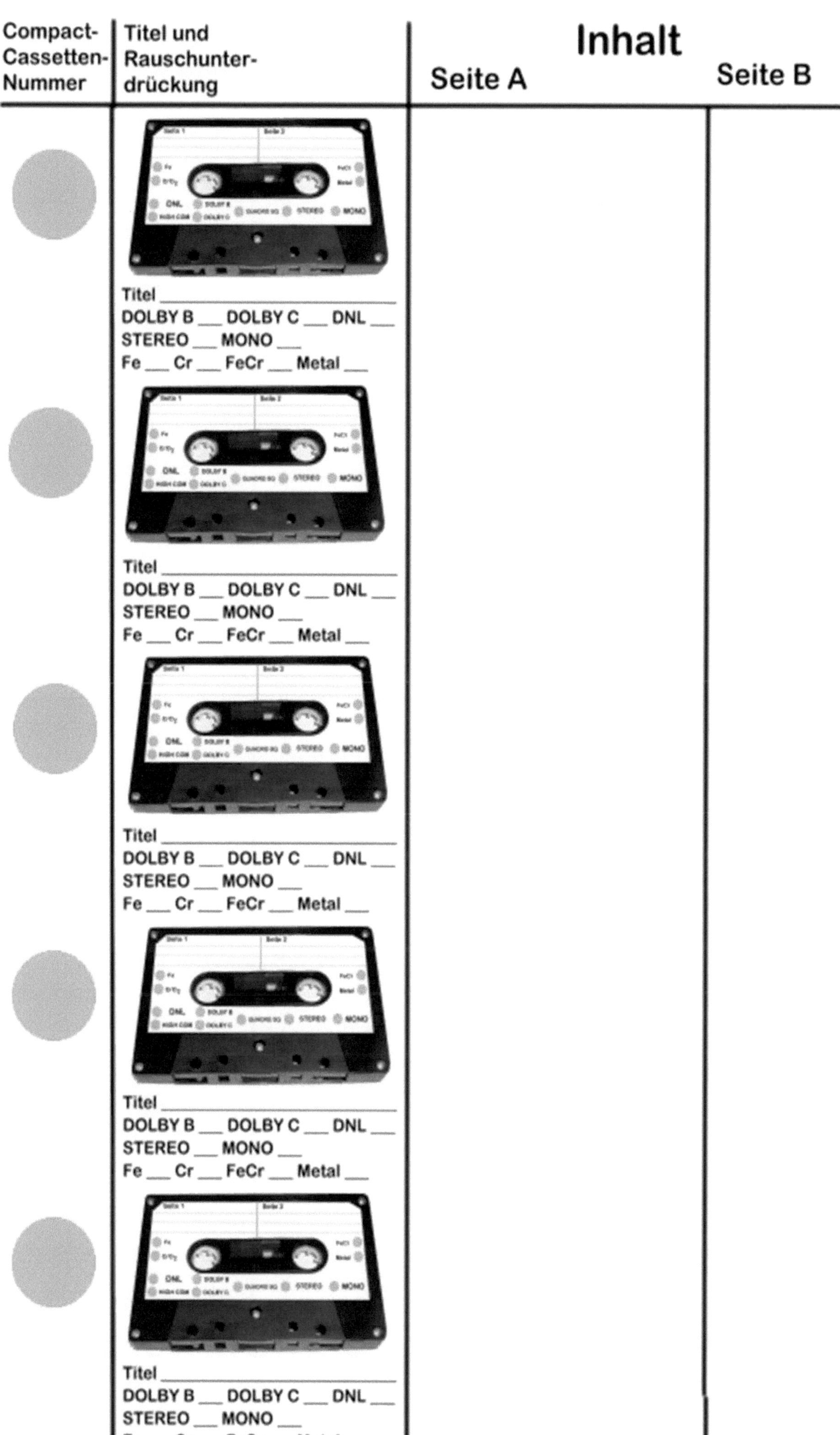

Titel _______________________________
DOLBY B ___ DOLBY C ___ DNL ___
STEREO ___ MONO ___
Fe ___ Cr ___ FeCr ___ Metal ___

Titel _______________________________
DOLBY B ___ DOLBY C ___ DNL ___
STEREO ___ MONO ___
Fe ___ Cr ___ FeCr ___ Metal ___

Titel _______________________________
DOLBY B ___ DOLBY C ___ DNL ___
STEREO ___ MONO ___
Fe ___ Cr ___ FeCr ___ Metal ___

Titel _______________________________
DOLBY B ___ DOLBY C ___ DNL ___
STEREO ___ MONO ___
Fe ___ Cr ___ FeCr ___ Metal ___

Titel _______________________________
DOLBY B ___ DOLBY C ___ DNL ___
STEREO ___ MONO ___
Fe ___ Cr ___ FeCr ___ Metal ___
</td><td></td><td></td></tr>
</table>

<table>
<tr><th>Compact-
Cassetten-
Nummer</th><th>Titel und
Rauschunter-
drückung</th><th colspan="2" align="center">Inhalt</th></tr>
<tr><th></th><th></th><th>Seite A</th><th>Seite B</th></tr>
</table>

Titel ___________________
DOLBY B ___ DOLBY C ___ DNL ___
STEREO ___ MONO ___
Fe ___ Cr ___ FeCr ___ Metal ___

Titel ___________________
DOLBY B ___ DOLBY C ___ DNL ___
STEREO ___ MONO ___
Fe ___ Cr ___ FeCr ___ Metal ___

Titel ___________________
DOLBY B ___ DOLBY C ___ DNL ___
STEREO ___ MONO ___
Fe ___ Cr ___ FeCr ___ Metal ___

Titel ___________________
DOLBY B ___ DOLBY C ___ DNL ___
STEREO ___ MONO ___
Fe ___ Cr ___ FeCr ___ Metal ___

Titel ___________________
DOLBY B ___ DOLBY C ___ DNL ___
STEREO ___ MONO ___
Fe ___ Cr ___ FeCr ___ Metal ___

Compact-Cassetten-Nummer	Titel und Rauschunter-drückung	Inhalt	
		Seite A	**Seite B**

Titel _______________________________
DOLBY B ___ DOLBY C ___ DNL ___
STEREO ___ MONO ___
Fe ___ Cr ___ FeCr ___ Metal ___

Titel _______________________________
DOLBY B ___ DOLBY C ___ DNL ___
STEREO ___ MONO ___
Fe ___ Cr ___ FeCr ___ Metal ___

Titel _______________________________
DOLBY B ___ DOLBY C ___ DNL ___
STEREO ___ MONO ___
Fe ___ Cr ___ FeCr ___ Metal ___

Titel _______________________________
DOLBY B ___ DOLBY C ___ DNL ___
STEREO ___ MONO ___
Fe ___ Cr ___ FeCr ___ Metal ___

Titel _______________________________
DOLBY B ___ DOLBY C ___ DNL ___
STEREO ___ MONO ___
Fe ___ Cr ___ FeCr ___ Metal ___

<table>
<tr><td>Compact-
Cassetten-
Nummer</td><td>Titel und
Rauschunter-
drückung</td><td colspan="2" align="center"><h2>Inhalt</h2></td></tr>
<tr><td></td><td></td><td>Seite A</td><td>Seite B</td></tr>
</table>

Titel _______________________
DOLBY B ___ DOLBY C ___ DNL ___
STEREO ___ MONO ___
Fe ___ Cr ___ FeCr ___ Metal ___

Titel _______________________
DOLBY B ___ DOLBY C ___ DNL ___
STEREO ___ MONO ___
Fe ___ Cr ___ FeCr ___ Metal ___

Titel _______________________
DOLBY B ___ DOLBY C ___ DNL ___
STEREO ___ MONO ___
Fe ___ Cr ___ FeCr ___ Metal ___

Titel _______________________
DOLBY B ___ DOLBY C ___ DNL ___
STEREO ___ MONO ___
Fe ___ Cr ___ FeCr ___ Metal ___

Titel _______________________
DOLBY B ___ DOLBY C ___ DNL ___
STEREO ___ MONO ___
Fe ___ Cr ___ FeCr ___ Metal ___

<table>
<tr><th>Compact-
Cassetten-
Nummer</th><th>Titel und
Rauschunter-
drückung</th><th colspan="2" style="text-align:center">Inhalt</th></tr>
<tr><th></th><th></th><th>Seite A</th><th>Seite B</th></tr>
</table>

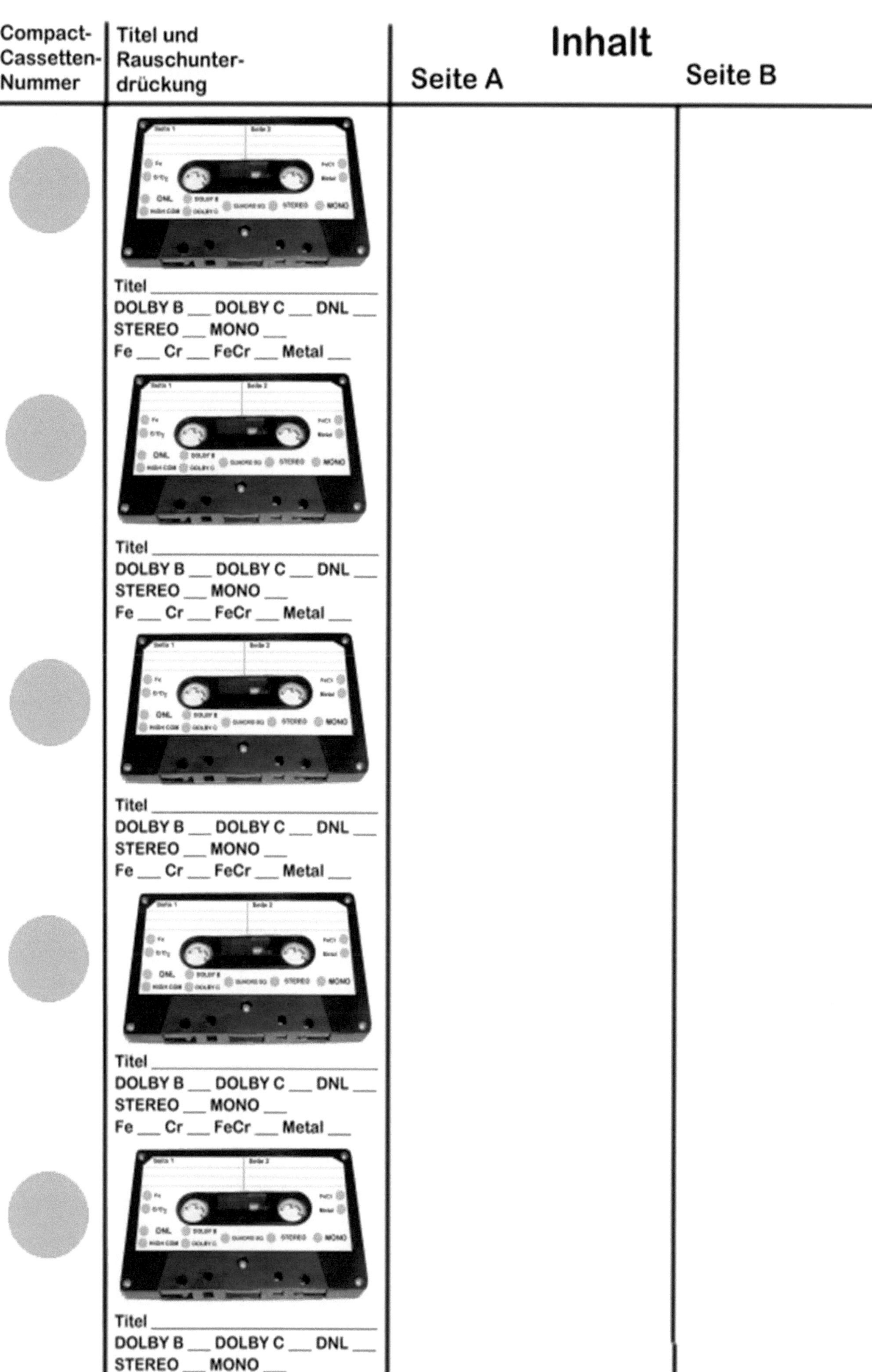

Titel ___________________________
DOLBY B ___ DOLBY C ___ DNL ___
STEREO ___ MONO ___
Fe ___ Cr ___ FeCr ___ Metal ___

Titel ___________________________
DOLBY B ___ DOLBY C ___ DNL ___
STEREO ___ MONO ___
Fe ___ Cr ___ FeCr ___ Metal ___

Titel ___________________________
DOLBY B ___ DOLBY C ___ DNL ___
STEREO ___ MONO ___
Fe ___ Cr ___ FeCr ___ Metal ___

Titel ___________________________
DOLBY B ___ DOLBY C ___ DNL ___
STEREO ___ MONO ___
Fe ___ Cr ___ FeCr ___ Metal ___

Titel ___________________________
DOLBY B ___ DOLBY C ___ DNL ___
STEREO ___ MONO ___
Fe ___ Cr ___ FeCr ___ Metal ___

<table>
<tr><td>Compact-
Cassetten-
Nummer</td><td>Titel und
Rauschunter-
drückung</td><td colspan="2" align="center">Inhalt</td></tr>
<tr><td></td><td></td><td>Seite A</td><td>Seite B</td></tr>
</table>

Titel _______________________
DOLBY B ___ DOLBY C ___ DNL ___
STEREO ___ MONO ___
Fe ___ Cr ___ FeCr ___ Metal ___

Titel _______________________
DOLBY B ___ DOLBY C ___ DNL ___
STEREO ___ MONO ___
Fe ___ Cr ___ FeCr ___ Metal ___

Titel _______________________
DOLBY B ___ DOLBY C ___ DNL ___
STEREO ___ MONO ___
Fe ___ Cr ___ FeCr ___ Metal ___

Titel _______________________
DOLBY B ___ DOLBY C ___ DNL ___
STEREO ___ MONO ___
Fe ___ Cr ___ FeCr ___ Metal ___

Titel _______________________
DOLBY B ___ DOLBY C ___ DNL ___
STEREO ___ MONO ___
Fe ___ Cr ___ FeCr ___ Metal ___

<table>
<tr><td>Compact-
Cassetten-
Nummer</td><td>Titel und
Rauschunter-
drückung</td><td colspan="2" align="center"># Inhalt</td></tr>
<tr><td></td><td></td><td>**Seite A**</td><td>**Seite B**</td></tr>
</table>

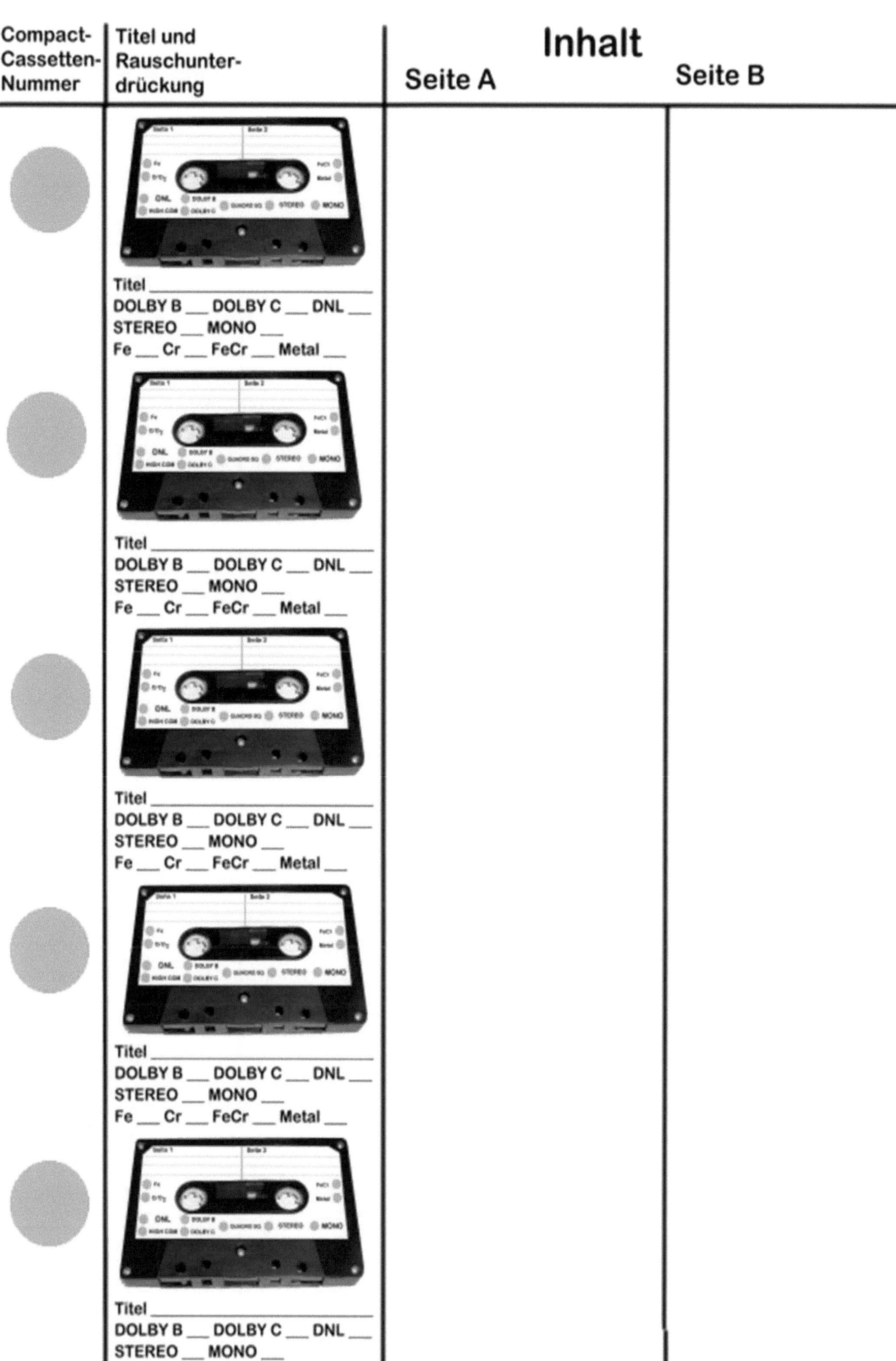

Titel ______________________________
DOLBY B ___ DOLBY C ___ DNL ___
STEREO ___ MONO ___
Fe ___ Cr ___ FeCr ___ Metal ___

Titel ______________________________
DOLBY B ___ DOLBY C ___ DNL ___
STEREO ___ MONO ___
Fe ___ Cr ___ FeCr ___ Metal ___

Titel ______________________________
DOLBY B ___ DOLBY C ___ DNL ___
STEREO ___ MONO ___
Fe ___ Cr ___ FeCr ___ Metal ___

Titel ______________________________
DOLBY B ___ DOLBY C ___ DNL ___
STEREO ___ MONO ___
Fe ___ Cr ___ FeCr ___ Metal ___

Titel ______________________________
DOLBY B ___ DOLBY C ___ DNL ___
STEREO ___ MONO ___
Fe ___ Cr ___ FeCr ___ Metal ___

Compact-Cassetten-Nummer	Titel und Rauschunter-drückung	Inhalt	
		Seite A	**Seite B**

<table>
<tr><th>Compact-
Cassetten-
Nummer</th><th>Titel und
Rauschunter-
drückung</th><th colspan="2" align="center">Inhalt</th></tr>
<tr><th></th><th></th><th>Seite A</th><th>Seite B</th></tr>
<tr><td></td><td>
Titel ___________________
DOLBY B ___ DOLBY C ___ DNL ___
STEREO ___ MONO ___
Fe ___ Cr ___ FeCr ___ Metal ___</td><td></td><td></td></tr>
<tr><td></td><td>
Titel ___________________
DOLBY B ___ DOLBY C ___ DNL ___
STEREO ___ MONO ___
Fe ___ Cr ___ FeCr ___ Metal ___</td><td></td><td></td></tr>
<tr><td></td><td>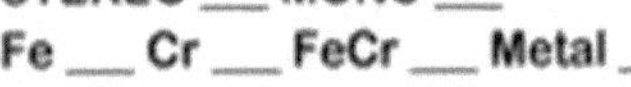
Titel ___________________
DOLBY B ___ DOLBY C ___ DNL ___
STEREO ___ MONO ___
Fe ___ Cr ___ FeCr ___ Metal ___</td><td></td><td></td></tr>
<tr><td></td><td>
Titel ___________________
DOLBY B ___ DOLBY C ___ DNL ___
STEREO ___ MONO ___
Fe ___ Cr ___ FeCr ___ Metal ___</td><td></td><td></td></tr>
<tr><td></td><td>
Titel ___________________
DOLBY B ___ DOLBY C ___ DNL ___
STEREO ___ MONO ___
Fe ___ Cr ___ FeCr ___ Metal ___</td><td></td><td></td></tr>
</table>

<table>
<thead>
<tr><th>Compact-
Cassetten-
Nummer</th><th>Titel und
Rauschunter-
drückung</th><th colspan="2" align="center">Inhalt</th></tr>
<tr><th></th><th></th><th>Seite A</th><th>Seite B</th></tr>
</thead>
<tbody>
<tr><td></td><td>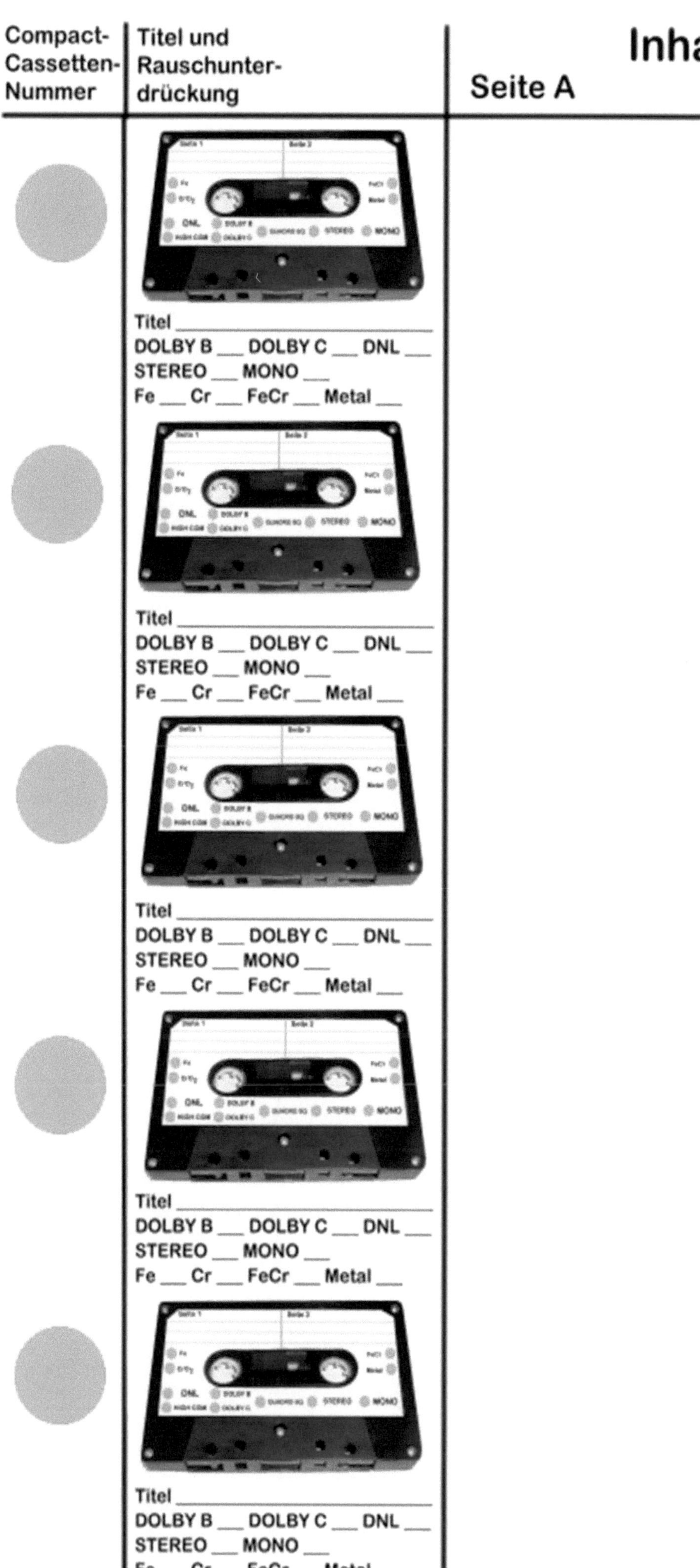
Titel _____________
DOLBY B ___ DOLBY C ___ DNL ___
STEREO ___ MONO ___
Fe ___ Cr ___ FeCr ___ Metal ___</td><td></td><td></td></tr>
</tbody>
</table>

Compact-Cassetten-Nummer	Titel und Rauschunter-drückung	Inhalt	
		Seite A	**Seite B**

Titel _______________________
DOLBY B ___ DOLBY C ___ DNL ___
STEREO ___ MONO ___
Fe ___ Cr ___ FeCr ___ Metal ___

Titel _______________________
DOLBY B ___ DOLBY C ___ DNL ___
STEREO ___ MONO ___
Fe ___ Cr ___ FeCr ___ Metal ___

Titel _______________________
DOLBY B ___ DOLBY C ___ DNL ___
STEREO ___ MONO ___
Fe ___ Cr ___ FeCr ___ Metal ___

Titel _______________________
DOLBY B ___ DOLBY C ___ DNL ___
STEREO ___ MONO ___
Fe ___ Cr ___ FeCr ___ Metal ___

Titel _______________________
DOLBY B ___ DOLBY C ___ DNL ___
STEREO ___ MONO ___
Fe ___ Cr ___ FeCr ___ Metal ___

<table>
<tr><td>Compact-
Cassetten-
Nummer</td><td>Titel und
Rauschunter-
drückung</td><td colspan="2" align="center"><h1>Inhalt</h1></td></tr>
<tr><td></td><td></td><td>Seite A</td><td>Seite B</td></tr>
</table>

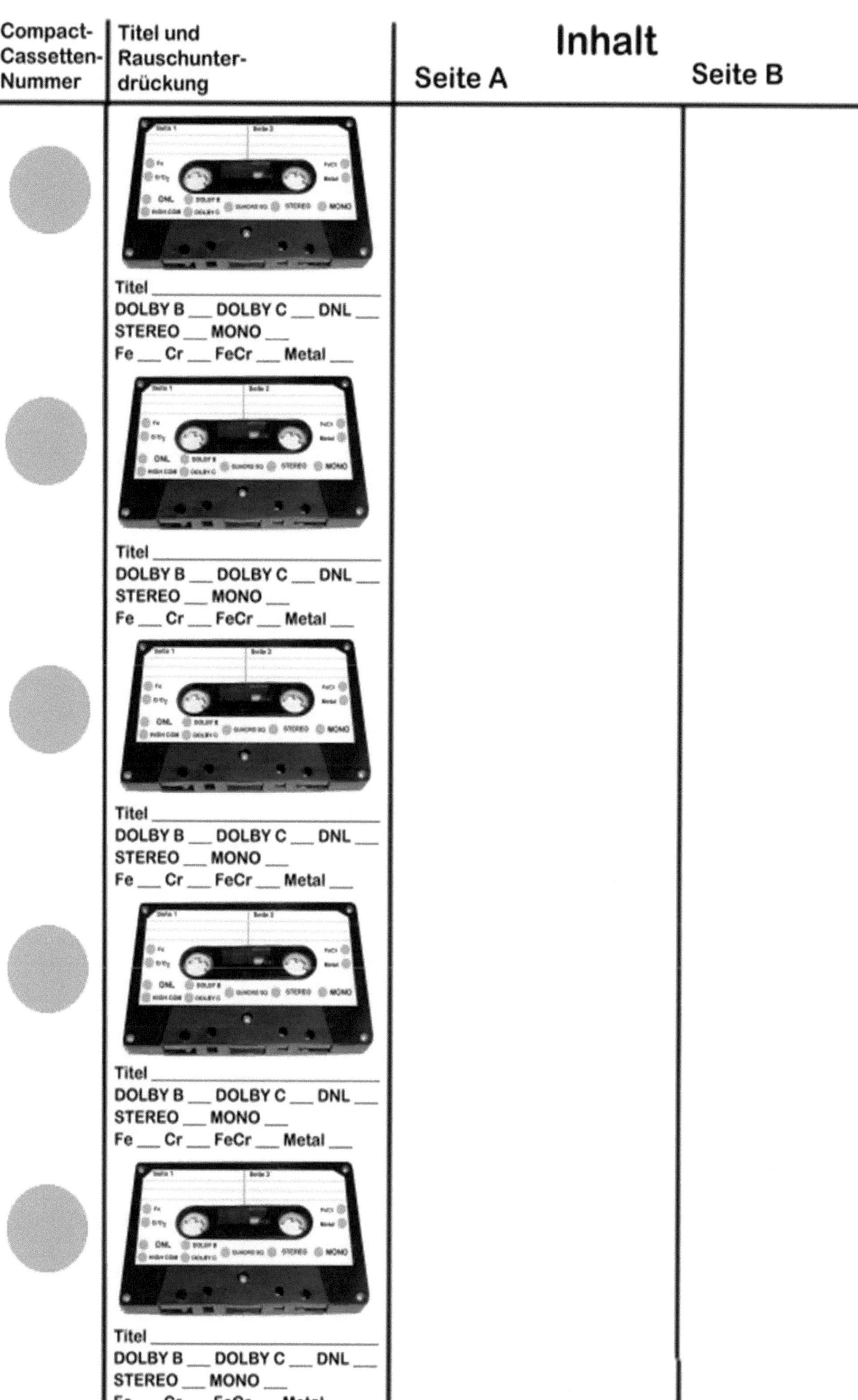

Titel _______________________
DOLBY B ___ DOLBY C ___ DNL ___
STEREO ___ MONO ___
Fe ___ Cr ___ FeCr ___ Metal ___

Titel _______________________
DOLBY B ___ DOLBY C ___ DNL ___
STEREO ___ MONO ___
Fe ___ Cr ___ FeCr ___ Metal ___

Titel _______________________
DOLBY B ___ DOLBY C ___ DNL ___
STEREO ___ MONO ___
Fe ___ Cr ___ FeCr ___ Metal ___

Titel _______________________
DOLBY B ___ DOLBY C ___ DNL ___
STEREO ___ MONO ___
Fe ___ Cr ___ FeCr ___ Metal ___

Titel _______________________
DOLBY B ___ DOLBY C ___ DNL ___
STEREO ___ MONO ___
Fe ___ Cr ___ FeCr ___ Metal ___

Compact-Cassetten-Nummer	Titel und Rauschunter-drückung	Inhalt	
		Seite A	**Seite B**

Titel ___________________________
DOLBY B ___ DOLBY C ___ DNL ___
STEREO ___ MONO ___
Fe ___ Cr ___ FeCr ___ Metal ___

Titel ___________________________
DOLBY B ___ DOLBY C ___ DNL ___
STEREO ___ MONO ___
Fe ___ Cr ___ FeCr ___ Metal ___

Titel ___________________________
DOLBY B ___ DOLBY C ___ DNL ___
STEREO ___ MONO ___
Fe ___ Cr ___ FeCr ___ Metal ___

Titel ___________________________
DOLBY B ___ DOLBY C ___ DNL ___
STEREO ___ MONO ___
Fe ___ Cr ___ FeCr ___ Metal ___

Titel ___________________________
DOLBY B ___ DOLBY C ___ DNL ___
STEREO ___ MONO ___
Fe ___ Cr ___ FeCr ___ Metal ___

Compact-Cassetten-Nummer	Titel und Rauschunter-drückung	Inhalt	
		Seite A	**Seite B**

Titel _______________________
DOLBY B ___ DOLBY C ___ DNL ___
STEREO ___ MONO ___
Fe ___ Cr ___ FeCr ___ Metal ___

Titel _______________________
DOLBY B ___ DOLBY C ___ DNL ___
STEREO ___ MONO ___
Fe ___ Cr ___ FeCr ___ Metal ___

Titel _______________________
DOLBY B ___ DOLBY C ___ DNL ___
STEREO ___ MONO ___
Fe ___ Cr ___ FeCr ___ Metal ___

Titel _______________________
DOLBY B ___ DOLBY C ___ DNL ___
STEREO ___ MONO ___
Fe ___ Cr ___ FeCr ___ Metal ___

Titel _______________________
DOLBY B ___ DOLBY C ___ DNL ___
STEREO ___ MONO ___
Fe ___ Cr ___ FeCr ___ Metal ___

<table>
<tr><th>Compact-
Cassetten-
Nummer</th><th>Titel und
Rauschunter-
drückung</th><th colspan="2" style="text-align:center">Inhalt</th></tr>
<tr><td></td><td></td><td>Seite A</td><td>Seite B</td></tr>
</table>

Titel _______________________
DOLBY B ___ DOLBY C ___ DNL ___
STEREO ___ MONO ___
Fe ___ Cr ___ FeCr ___ Metal ___

Titel _______________________
DOLBY B ___ DOLBY C ___ DNL ___
STEREO ___ MONO ___
Fe ___ Cr ___ FeCr ___ Metal ___

Titel _______________________
DOLBY B ___ DOLBY C ___ DNL ___
STEREO ___ MONO ___
Fe ___ Cr ___ FeCr ___ Metal ___

Titel _______________________
DOLBY B ___ DOLBY C ___ DNL ___
STEREO ___ MONO ___
Fe ___ Cr ___ FeCr ___ Metal ___

Titel _______________________
DOLBY B ___ DOLBY C ___ DNL ___
STEREO ___ MONO ___
Fe ___ Cr ___ FeCr ___ Metal ___

<table>
<tr><td>Compact-
Cassetten-
Nummer</td><td>Titel und
Rauschunter-
drückung</td><td colspan="2" align="center">Inhalt</td></tr>
<tr><td></td><td></td><td>Seite A</td><td>Seite B</td></tr>
</table>

Titel ______________________
DOLBY B ___ DOLBY C ___ DNL ___
STEREO ___ MONO ___
Fe ___ Cr ___ FeCr ___ Metal ___

Titel ______________________
DOLBY B ___ DOLBY C ___ DNL ___
STEREO ___ MONO ___
Fe ___ Cr ___ FeCr ___ Metal ___

Titel ______________________
DOLBY B ___ DOLBY C ___ DNL ___
STEREO ___ MONO ___
Fe ___ Cr ___ FeCr ___ Metal ___

Titel ______________________
DOLBY B ___ DOLBY C ___ DNL ___
STEREO ___ MONO ___
Fe ___ Cr ___ FeCr ___ Metal ___

Titel ______________________
DOLBY B ___ DOLBY C ___ DNL ___
STEREO ___ MONO ___
Fe ___ Cr ___ FeCr ___ Metal ___

<table>
<tr><th>Compact-
Cassetten-
Nummer</th><th>Titel und
Rauschunter-
drückung</th><th colspan="2" align="center"><h1>Inhalt</h1></th></tr>
<tr><td></td><td></td><td>Seite A</td><td>Seite B</td></tr>
</table>

Titel ___________________________
DOLBY B ___ DOLBY C ___ DNL ___
STEREO ___ MONO ___
Fe ___ Cr ___ FeCr ___ Metal ___

Titel ___________________________
DOLBY B ___ DOLBY C ___ DNL ___
STEREO ___ MONO ___
Fe ___ Cr ___ FeCr ___ Metal ___

Titel ___________________________
DOLBY B ___ DOLBY C ___ DNL ___
STEREO ___ MONO ___
Fe ___ Cr ___ FeCr ___ Metal ___

Titel ___________________________
DOLBY B ___ DOLBY C ___ DNL ___
STEREO ___ MONO ___
Fe ___ Cr ___ FeCr ___ Metal ___

Titel ___________________________
DOLBY B ___ DOLBY C ___ DNL ___
STEREO ___ MONO ___
Fe ___ Cr ___ FeCr ___ Metal ___

<table>
<thead>
<tr><th>Compact-
Cassetten-
Nummer</th><th>Titel und
Rauschunter-
drückung</th><th colspan="2" style="text-align:center"># Inhalt</th></tr>
<tr><th></th><th></th><th>Seite A</th><th>Seite B</th></tr>
</thead>
</table>

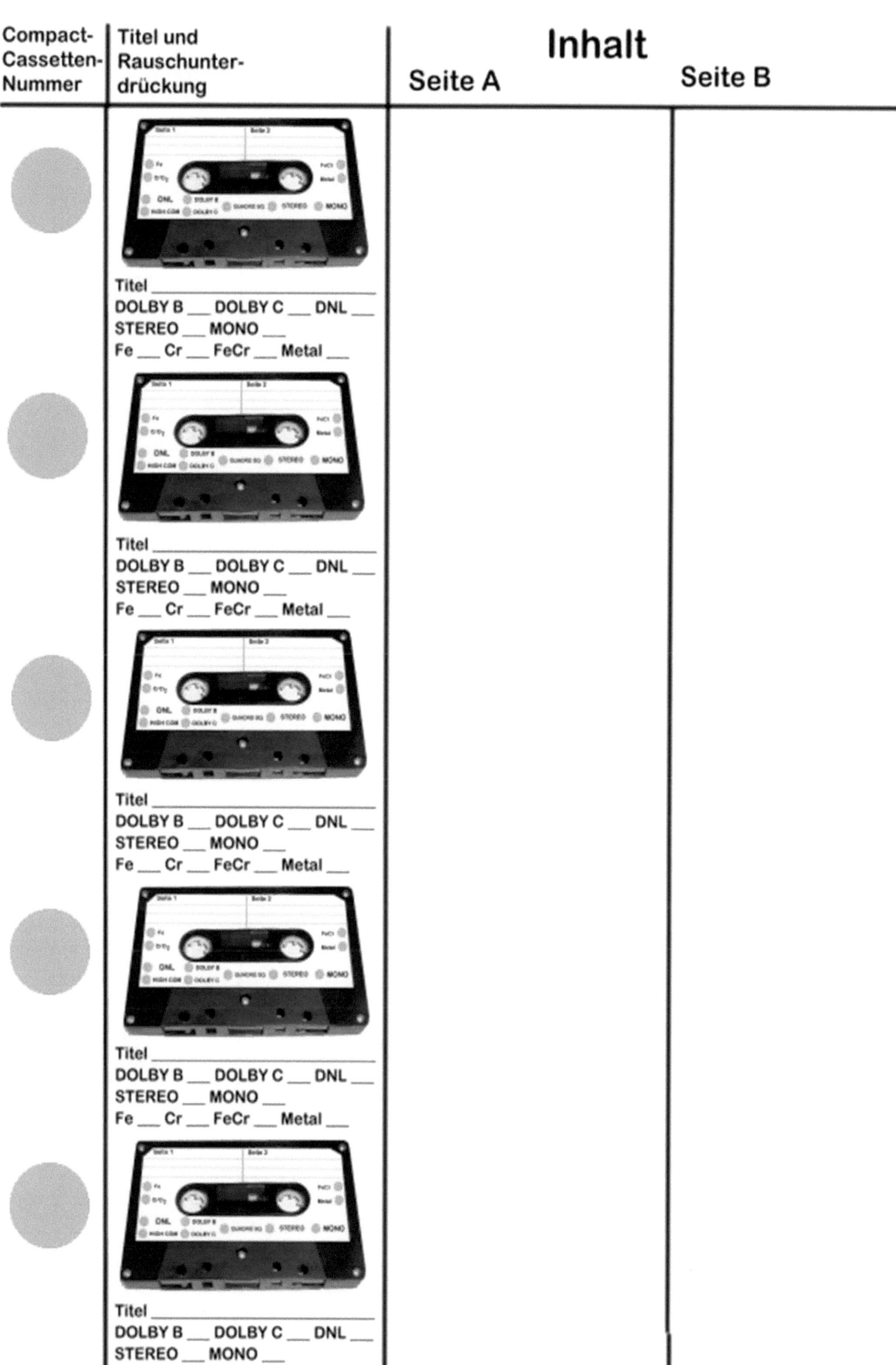

Cassette 1

Titel _______________________
DOLBY B ___ DOLBY C ___ DNL ___
STEREO ___ MONO ___
Fe ___ Cr ___ FeCr ___ Metal ___

Cassette 2

Titel _______________________
DOLBY B ___ DOLBY C ___ DNL ___
STEREO ___ MONO ___
Fe ___ Cr ___ FeCr ___ Metal ___

Cassette 3

Titel _______________________
DOLBY B ___ DOLBY C ___ DNL ___
STEREO ___ MONO ___
Fe ___ Cr ___ FeCr ___ Metal ___

Cassette 4

Titel _______________________
DOLBY B ___ DOLBY C ___ DNL ___
STEREO ___ MONO ___
Fe ___ Cr ___ FeCr ___ Metal ___

Cassette 5

Titel _______________________
DOLBY B ___ DOLBY C ___ DNL ___
STEREO ___ MONO ___
Fe ___ Cr ___ FeCr ___ Metal ___

<table>
<tr><th>Compact-
Cassetten-
Nummer</th><th>Titel und
Rauschunter-
drückung</th><th colspan="2" align="center">Inhalt</th></tr>
<tr><td></td><td></td><td>Seite A</td><td>Seite B</td></tr>
</table>

Titel _______________________
DOLBY B ___ DOLBY C ___ DNL ___
STEREO ___ MONO ___
Fe ___ Cr ___ FeCr ___ Metal ___

Titel _______________________
DOLBY B ___ DOLBY C ___ DNL ___
STEREO ___ MONO ___
Fe ___ Cr ___ FeCr ___ Metal ___

Titel _______________________
DOLBY B ___ DOLBY C ___ DNL ___
STEREO ___ MONO ___
Fe ___ Cr ___ FeCr ___ Metal ___

Titel _______________________
DOLBY B ___ DOLBY C ___ DNL ___
STEREO ___ MONO ___
Fe ___ Cr ___ FeCr ___ Metal ___

Titel _______________________
DOLBY B ___ DOLBY C ___ DNL ___
STEREO ___ MONO ___
Fe ___ Cr ___ FeCr ___ Metal ___

<table>
<tr><th>Compact-
Cassetten-
Nummer</th><th>Titel und
Rauschunter-
drückung</th><th colspan="2" align="center"><h1>Inhalt</h1></th></tr>
<tr><td></td><td></td><td>Seite A</td><td>Seite B</td></tr>
</table>

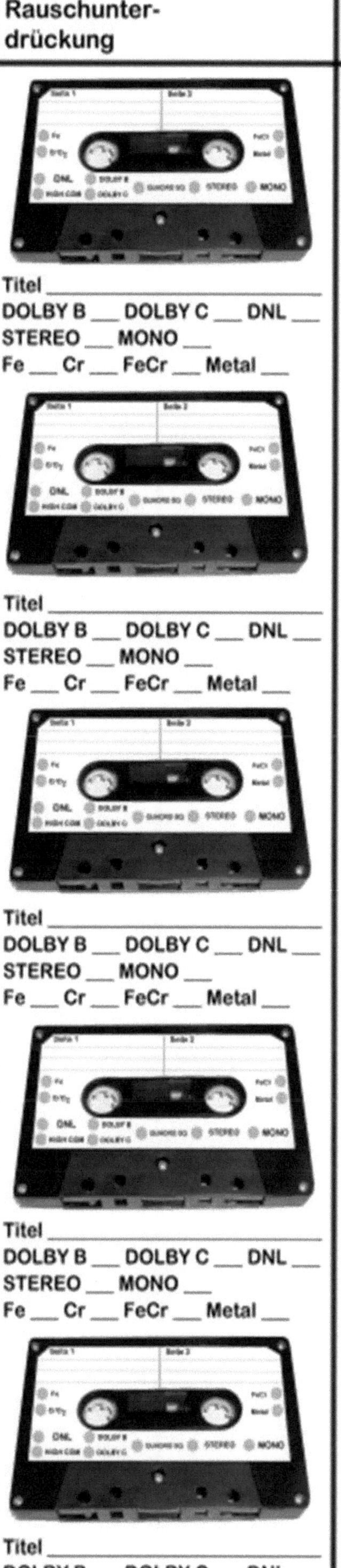

Titel _______________________
DOLBY B ___ DOLBY C ___ DNL ___
STEREO ___ MONO ___
Fe ___ Cr ___ FeCr ___ Metal ___

Titel _______________________
DOLBY B ___ DOLBY C ___ DNL ___
STEREO ___ MONO ___
Fe ___ Cr ___ FeCr ___ Metal ___

Titel _______________________
DOLBY B ___ DOLBY C ___ DNL ___
STEREO ___ MONO ___
Fe ___ Cr ___ FeCr ___ Metal ___

Titel _______________________
DOLBY B ___ DOLBY C ___ DNL ___
STEREO ___ MONO ___
Fe ___ Cr ___ FeCr ___ Metal ___

Titel _______________________
DOLBY B ___ DOLBY C ___ DNL ___
STEREO ___ MONO ___
Fe ___ Cr ___ FeCr ___ Metal ___

Compact-Cassetten-Nummer	Titel und Rauschunter-drückung	Inhalt	
		Seite A	**Seite B**
	 Titel ___________________ DOLBY B ___ DOLBY C ___ DNL ___ STEREO ___ MONO ___ Fe ___ Cr ___ FeCr ___ Metal ___		
	 Titel ___________________ DOLBY B ___ DOLBY C ___ DNL ___ STEREO ___ MONO ___ Fe ___ Cr ___ FeCr ___ Metal ___		
	 Titel ___________________ DOLBY B ___ DOLBY C ___ DNL ___ STEREO ___ MONO ___ Fe ___ Cr ___ FeCr ___ Metal ___		
	 Titel ___________________ DOLBY B ___ DOLBY C ___ DNL ___ STEREO ___ MONO ___ Fe ___ Cr ___ FeCr ___ Metal ___		
	 Titel ___________________ DOLBY B ___ DOLBY C ___ DNL ___ STEREO ___ MONO ___ Fe ___ Cr ___ FeCr ___ Metal ___		

<table>
<tr><th>Compact-
Cassetten-
Nummer</th><th>Titel und
Rauschunter-
drückung</th><th colspan="2" align="center"><h2>Inhalt</h2></th></tr>
<tr><td></td><td></td><td>Seite A</td><td>Seite B</td></tr>
</table>

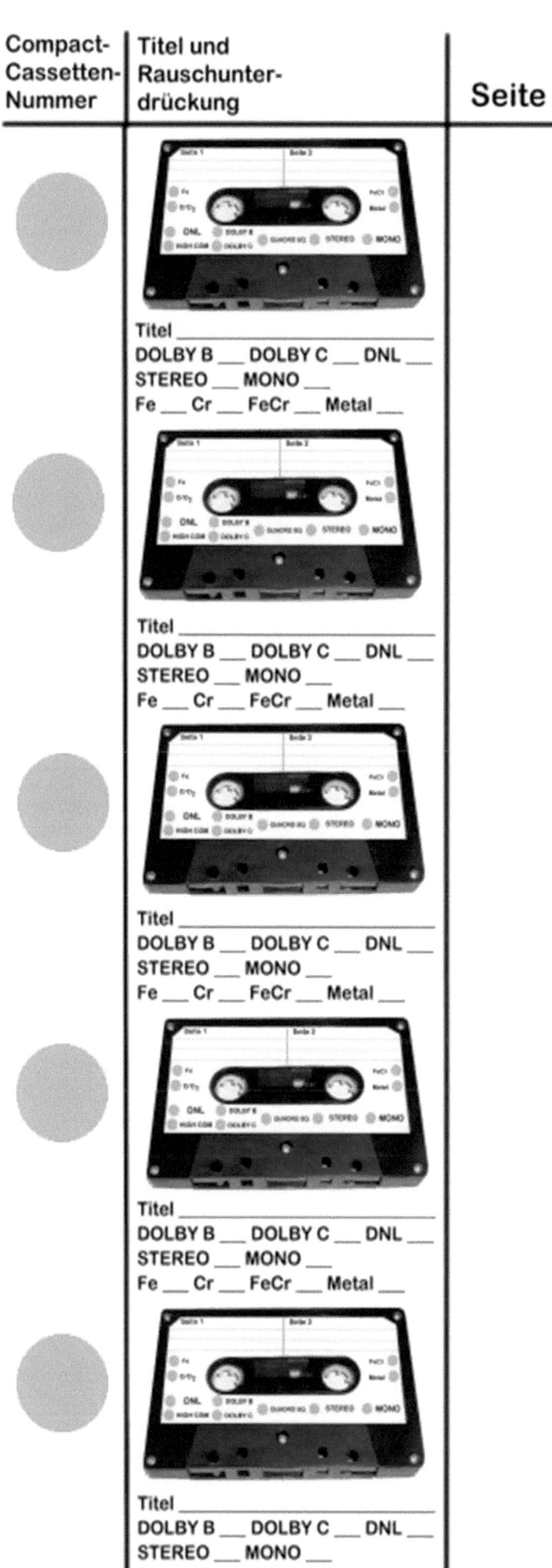

Titel _______________________
DOLBY B ___ DOLBY C ___ DNL ___
STEREO ___ MONO ___
Fe ___ Cr ___ FeCr ___ Metal ___

Titel _______________________
DOLBY B ___ DOLBY C ___ DNL ___
STEREO ___ MONO ___
Fe ___ Cr ___ FeCr ___ Metal ___

Titel _______________________
DOLBY B ___ DOLBY C ___ DNL ___
STEREO ___ MONO ___
Fe ___ Cr ___ FeCr ___ Metal ___

Titel _______________________
DOLBY B ___ DOLBY C ___ DNL ___
STEREO ___ MONO ___
Fe ___ Cr ___ FeCr ___ Metal ___

Titel _______________________
DOLBY B ___ DOLBY C ___ DNL ___
STEREO ___ MONO ___
Fe ___ Cr ___ FeCr ___ Metal ___

Compact- Cassetten- Nummer	Titel und Rauschunter- drückung	Inhalt	
		Seite A	Seite B

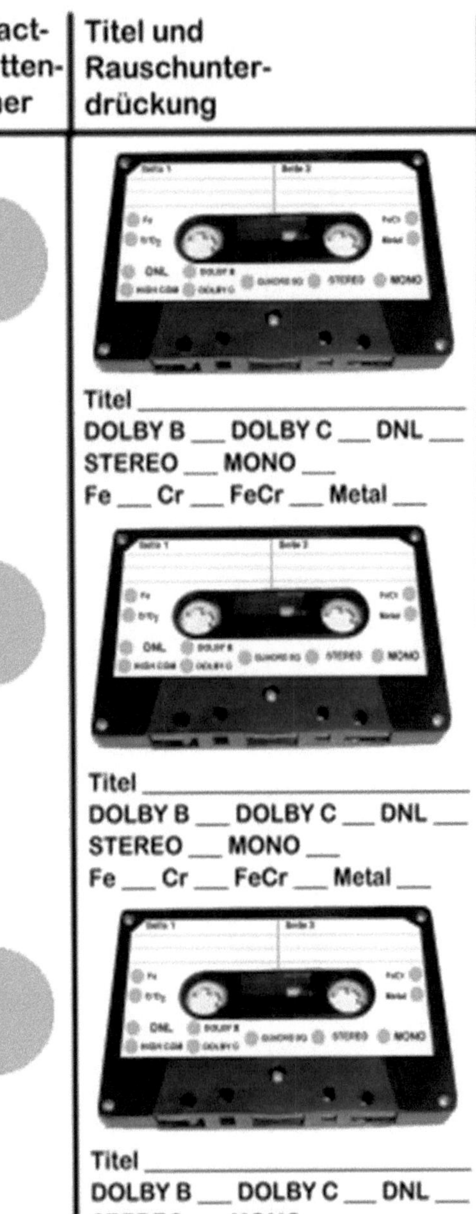

Titel _______________________
DOLBY B ___ DOLBY C ___ DNL ___
STEREO ___ MONO ___
Fe ___ Cr ___ FeCr ___ Metal ___

Titel _______________________
DOLBY B ___ DOLBY C ___ DNL ___
STEREO ___ MONO ___
Fe ___ Cr ___ FeCr ___ Metal ___

Titel _______________________
DOLBY B ___ DOLBY C ___ DNL ___
STEREO ___ MONO ___
Fe ___ Cr ___ FeCr ___ Metal ___

Titel _______________________
DOLBY B ___ DOLBY C ___ DNL ___
STEREO ___ MONO ___
Fe ___ Cr ___ FeCr ___ Metal ___

Titel _______________________
DOLBY B ___ DOLBY C ___ DNL ___
STEREO ___ MONO ___
Fe ___ Cr ___ FeCr ___ Metal ___

<table>
<tr><td>Compact-
Cassetten-
Nummer</td><td>Titel und
Rauschunter-
drückung</td><td colspan="2" align="center"><h2>Inhalt</h2></td></tr>
<tr><td></td><td></td><td>Seite A</td><td>Seite B</td></tr>
</table>

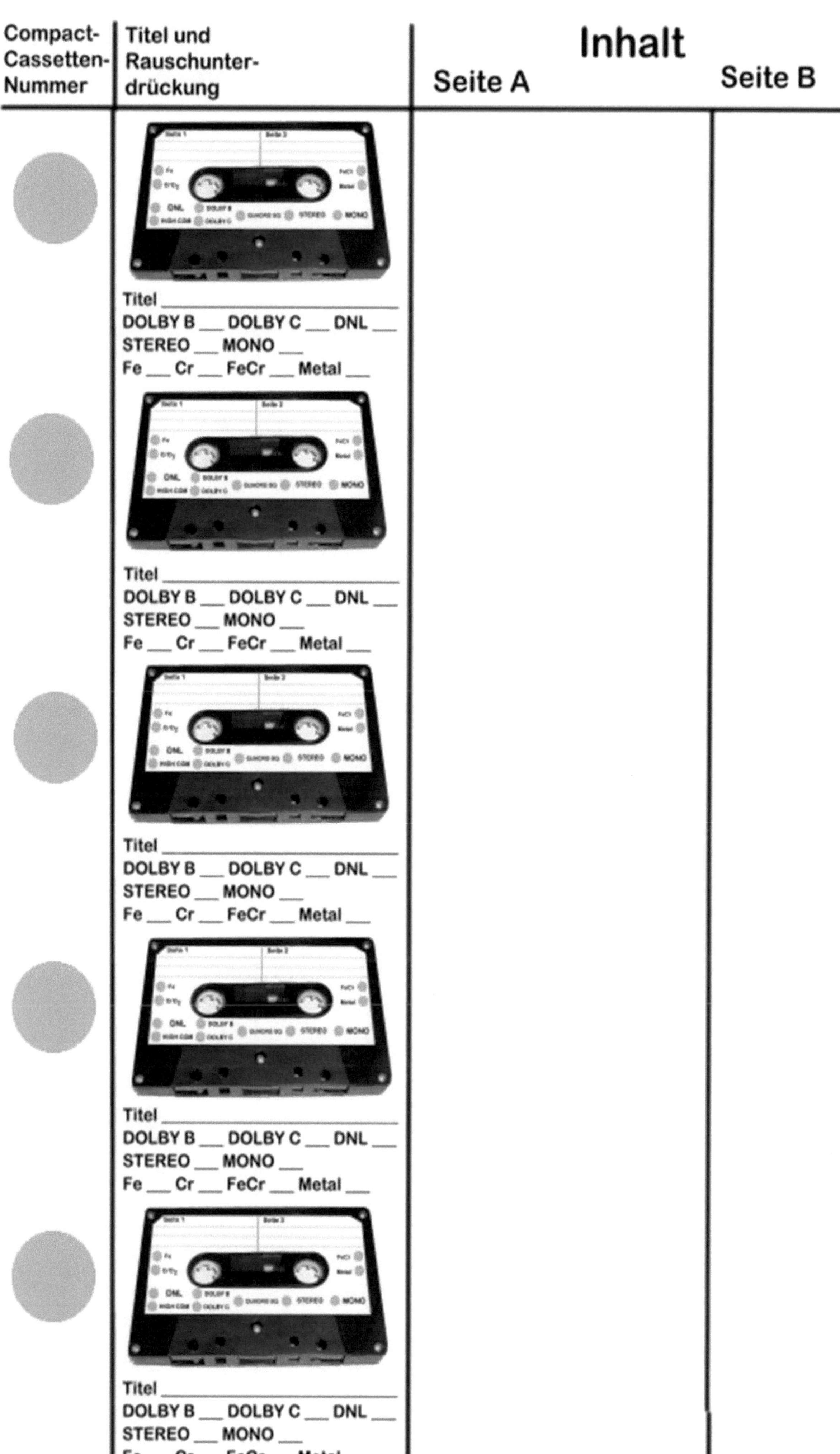

Titel ______________________
DOLBY B ___ DOLBY C ___ DNL ___
STEREO ___ MONO ___
Fe ___ Cr ___ FeCr ___ Metal ___

Titel ______________________
DOLBY B ___ DOLBY C ___ DNL ___
STEREO ___ MONO ___
Fe ___ Cr ___ FeCr ___ Metal ___

Titel ______________________
DOLBY B ___ DOLBY C ___ DNL ___
STEREO ___ MONO ___
Fe ___ Cr ___ FeCr ___ Metal ___

Titel ______________________
DOLBY B ___ DOLBY C ___ DNL ___
STEREO ___ MONO ___
Fe ___ Cr ___ FeCr ___ Metal ___

Titel ______________________
DOLBY B ___ DOLBY C ___ DNL ___
STEREO ___ MONO ___
Fe ___ Cr ___ FeCr ___ Metal ___

<table>
<tr><th>Compact-
Cassetten-
Nummer</th><th>Titel und
Rauschunter-
drückung</th><th colspan="2" style="text-align:center">Inhalt</th></tr>
<tr><th></th><th></th><th>Seite A</th><th>Seite B</th></tr>
</table>

Titel ________________________
DOLBY B ___ DOLBY C ___ DNL ___
STEREO ___ MONO ___
Fe ___ Cr ___ FeCr ___ Metal ___

Titel ________________________
DOLBY B ___ DOLBY C ___ DNL ___
STEREO ___ MONO ___
Fe ___ Cr ___ FeCr ___ Metal ___

Titel ________________________
DOLBY B ___ DOLBY C ___ DNL ___
STEREO ___ MONO ___
Fe ___ Cr ___ FeCr ___ Metal ___

Titel ________________________
DOLBY B ___ DOLBY C ___ DNL ___
STEREO ___ MONO ___
Fe ___ Cr ___ FeCr ___ Metal ___

Titel ________________________
DOLBY B ___ DOLBY C ___ DNL ___
STEREO ___ MONO ___
Fe ___ Cr ___ FeCr ___ Metal ___

<table>
<tr><th>Compact-
Cassetten-
Nummer</th><th>Titel und
Rauschunter-
drückung</th><th colspan="2" align="center">Inhalt</th></tr>
<tr><th></th><th></th><th>Seite A</th><th>Seite B</th></tr>
</table>

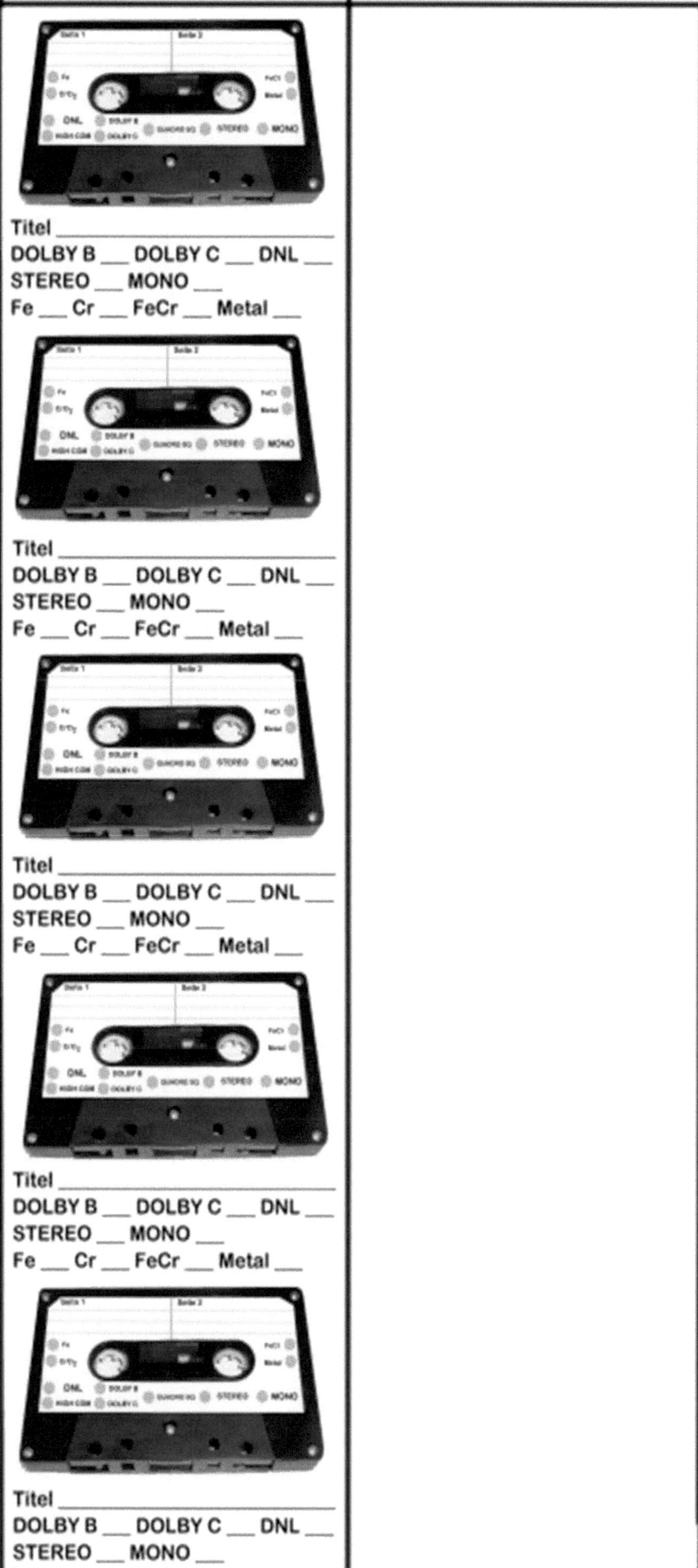

<table>
<tr><th>Compact-
Cassetten-
Nummer</th><th>Titel und
Rauschunter-
drückung</th><th colspan="2" style="text-align:center">Inhalt</th></tr>
<tr><th></th><th></th><th>Seite A</th><th>Seite B</th></tr>
<tr>
<td></td>
<td>

Titel ___________________________
DOLBY B ___ DOLBY C ___ DNL ___
STEREO ___ MONO ___
Fe ___ Cr ___ FeCr ___ Metal ___
</td>
<td></td>
<td></td>
</tr>
<tr>
<td></td>
<td>

Titel ___________________________
DOLBY B ___ DOLBY C ___ DNL ___
STEREO ___ MONO ___
Fe ___ Cr ___ FeCr ___ Metal ___
</td>
<td></td>
<td></td>
</tr>
<tr>
<td></td>
<td>

Titel ___________________________
DOLBY B ___ DOLBY C ___ DNL ___
STEREO ___ MONO ___
Fe ___ Cr ___ FeCr ___ Metal ___
</td>
<td></td>
<td></td>
</tr>
<tr>
<td></td>
<td>

Titel ___________________________
DOLBY B ___ DOLBY C ___ DNL ___
STEREO ___ MONO ___
Fe ___ Cr ___ FeCr ___ Metal ___
</td>
<td></td>
<td></td>
</tr>
<tr>
<td></td>
<td>

Titel ___________________________
DOLBY B ___ DOLBY C ___ DNL ___
STEREO ___ MONO ___
Fe ___ Cr ___ FeCr ___ Metal ___
</td>
<td></td>
<td></td>
</tr>
</table>

Compact-Cassetten-Nummer	Titel und Rauschunterdrückung	Inhalt	
		Seite A	**Seite B**

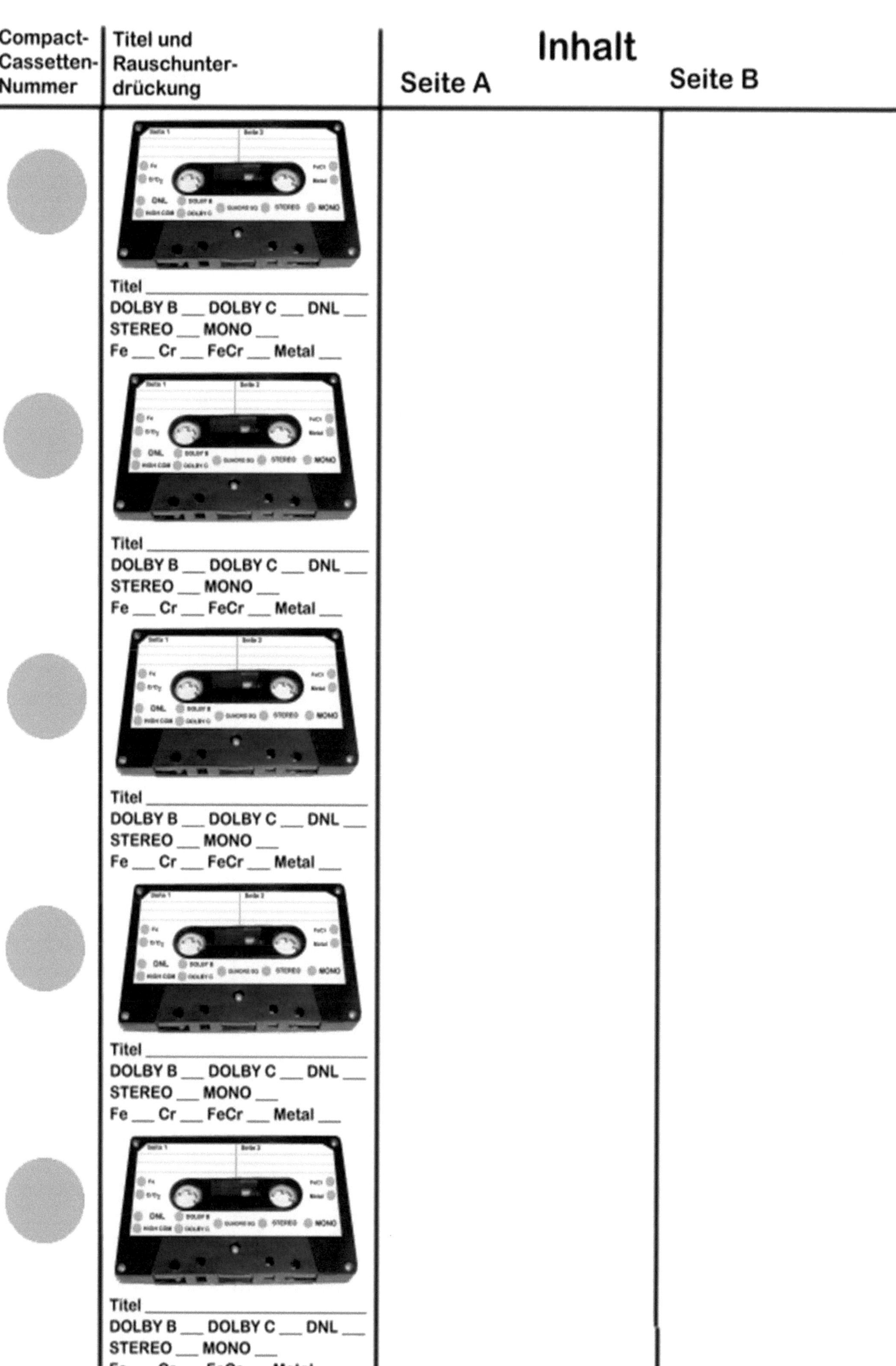

Titel ___________________________
DOLBY B ___ DOLBY C ___ DNL ___
STEREO ___ MONO ___
Fe ___ Cr ___ FeCr ___ Metal ___

Titel ___________________________
DOLBY B ___ DOLBY C ___ DNL ___
STEREO ___ MONO ___
Fe ___ Cr ___ FeCr ___ Metal ___

Titel ___________________________
DOLBY B ___ DOLBY C ___ DNL ___
STEREO ___ MONO ___
Fe ___ Cr ___ FeCr ___ Metal ___

Titel ___________________________
DOLBY B ___ DOLBY C ___ DNL ___
STEREO ___ MONO ___
Fe ___ Cr ___ FeCr ___ Metal ___

Titel ___________________________
DOLBY B ___ DOLBY C ___ DNL ___
STEREO ___ MONO ___
Fe ___ Cr ___ FeCr ___ Metal ___

Compact-Cassetten-Nummer	Titel und Rauschunterdrückung	Inhalt	
		Seite A	Seite B

Titel ___________________
DOLBY B ___ DOLBY C ___ DNL ___
STEREO ___ MONO ___
Fe ___ Cr ___ FeCr ___ Metal ___

Titel ___________________
DOLBY B ___ DOLBY C ___ DNL ___
STEREO ___ MONO ___
Fe ___ Cr ___ FeCr ___ Metal ___

Titel ___________________
DOLBY B ___ DOLBY C ___ DNL ___
STEREO ___ MONO ___
Fe ___ Cr ___ FeCr ___ Metal ___

Titel ___________________
DOLBY B ___ DOLBY C ___ DNL ___
STEREO ___ MONO ___
Fe ___ Cr ___ FeCr ___ Metal ___

Titel ___________________
DOLBY B ___ DOLBY C ___ DNL ___
STEREO ___ MONO ___
Fe ___ Cr ___ FeCr ___ Metal ___

<table>
<tr><th>Compact-
Cassetten-
Nummer</th><th>Titel und
Rauschunter-
drückung</th><th colspan="2" align="center"><h2>Inhalt</h2></th></tr>
<tr><th></th><th></th><th>Seite A</th><th>Seite B</th></tr>
</table>

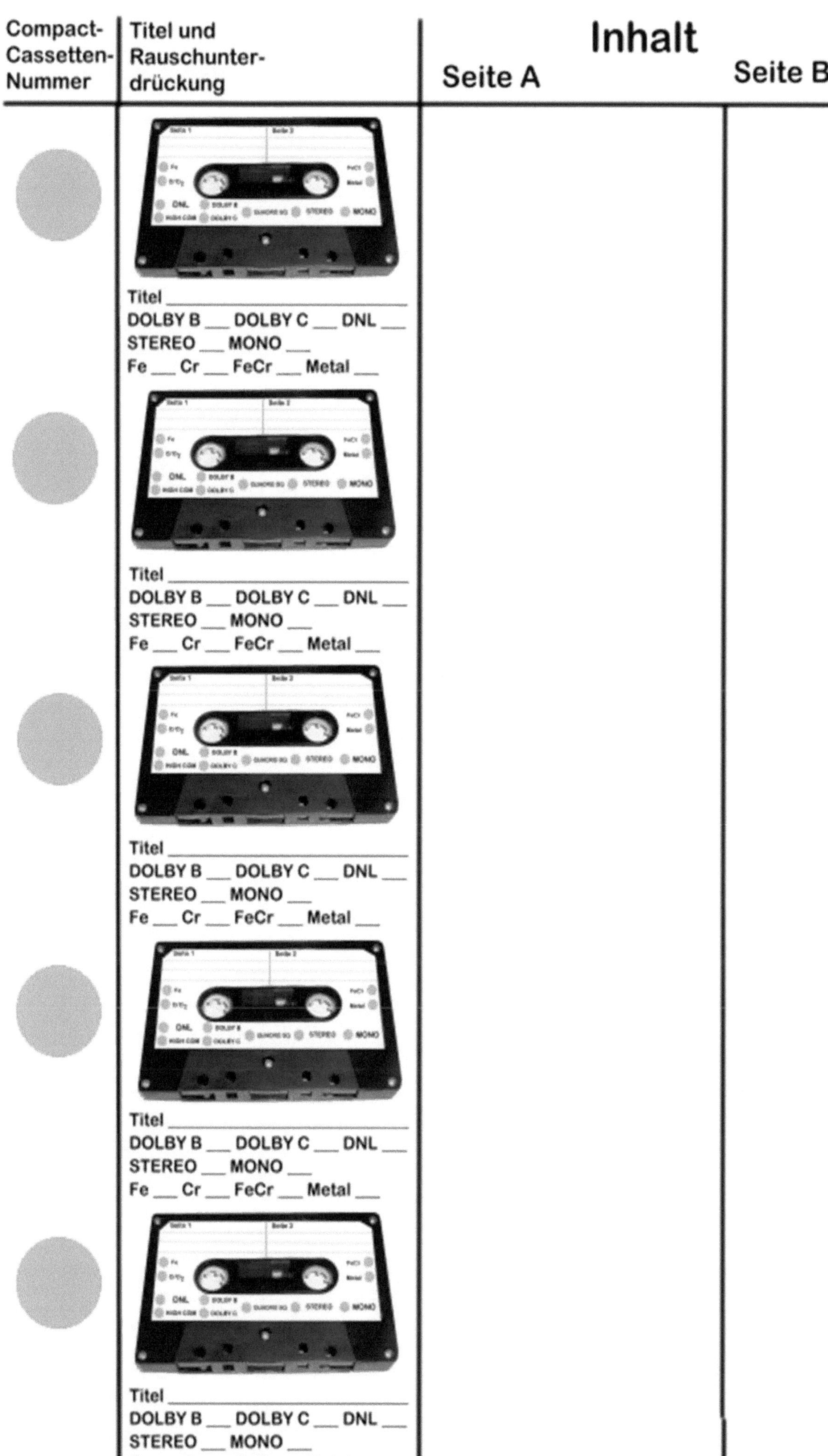

Titel _______________________________
DOLBY B ___ DOLBY C ___ DNL ___
STEREO ___ MONO ___
Fe ___ Cr ___ FeCr ___ Metal ___

Titel _______________________________
DOLBY B ___ DOLBY C ___ DNL ___
STEREO ___ MONO ___
Fe ___ Cr ___ FeCr ___ Metal ___

Titel _______________________________
DOLBY B ___ DOLBY C ___ DNL ___
STEREO ___ MONO ___
Fe ___ Cr ___ FeCr ___ Metal ___

Titel _______________________________
DOLBY B ___ DOLBY C ___ DNL ___
STEREO ___ MONO ___
Fe ___ Cr ___ FeCr ___ Metal ___

Titel _______________________________
DOLBY B ___ DOLBY C ___ DNL ___
STEREO ___ MONO ___
Fe ___ Cr ___ FeCr ___ Metal ___

<table>
<tr><th>Compact-
Cassetten-
Nummer</th><th>Titel und
Rauschunter-
drückung</th><th colspan="2" align="center">Inhalt</th></tr>
<tr><td></td><td></td><td>Seite A</td><td>Seite B</td></tr>
</table>

Titel _______________________
DOLBY B ___ DOLBY C ___ DNL ___
STEREO ___ MONO ___
Fe ___ Cr ___ FeCr ___ Metal ___

Titel _______________________
DOLBY B ___ DOLBY C ___ DNL ___
STEREO ___ MONO ___
Fe ___ Cr ___ FeCr ___ Metal ___

Titel _______________________
DOLBY B ___ DOLBY C ___ DNL ___
STEREO ___ MONO ___
Fe ___ Cr ___ FeCr ___ Metal ___

Titel _______________________
DOLBY B ___ DOLBY C ___ DNL ___
STEREO ___ MONO ___
Fe ___ Cr ___ FeCr ___ Metal ___

Titel _______________________
DOLBY B ___ DOLBY C ___ DNL ___
STEREO ___ MONO ___
Fe ___ Cr ___ FeCr ___ Metal ___

<table>
<tr><td>Compact-
Cassetten-
Nummer</td><td>Titel und
Rauschunter-
drückung</td><td colspan="2" align="center"><h1>Inhalt</h1></td></tr>
<tr><td></td><td></td><td>Seite A</td><td>Seite B</td></tr>
</table>

Titel ___________________________
DOLBY B ___ DOLBY C ___ DNL ___
STEREO ___ MONO ___
Fe ___ Cr ___ FeCr ___ Metal ___

Titel ___________________________
DOLBY B ___ DOLBY C ___ DNL ___
STEREO ___ MONO ___
Fe ___ Cr ___ FeCr ___ Metal ___

Titel ___________________________
DOLBY B ___ DOLBY C ___ DNL ___
STEREO ___ MONO ___
Fe ___ Cr ___ FeCr ___ Metal ___

Titel ___________________________
DOLBY B ___ DOLBY C ___ DNL ___
STEREO ___ MONO ___
Fe ___ Cr ___ FeCr ___ Metal ___

Titel ___________________________
DOLBY B ___ DOLBY C ___ DNL ___
STEREO ___ MONO ___
Fe ___ Cr ___ FeCr ___ Metal ___

<table>
<tr><td>Compact-
Cassetten-
Nummer</td><td>Titel und
Rauschunter-
drückung</td><td colspan="2" align="center">Inhalt</td></tr>
<tr><td></td><td></td><td>Seite A</td><td>Seite B</td></tr>
</table>

Titel __________________________
DOLBY B ___ DOLBY C ___ DNL ___
STEREO ___ MONO ___
Fe ___ Cr ___ FeCr ___ Metal ___

Titel __________________________
DOLBY B ___ DOLBY C ___ DNL ___
STEREO ___ MONO ___
Fe ___ Cr ___ FeCr ___ Metal ___

Titel __________________________
DOLBY B ___ DOLBY C ___ DNL ___
STEREO ___ MONO ___
Fe ___ Cr ___ FeCr ___ Metal ___

Titel __________________________
DOLBY B ___ DOLBY C ___ DNL ___
STEREO ___ MONO ___
Fe ___ Cr ___ FeCr ___ Metal ___

Titel __________________________
DOLBY B ___ DOLBY C ___ DNL ___
STEREO ___ MONO ___
Fe ___ Cr ___ FeCr ___ Metal ___

<table>
<tr><td>

Compact-
Cassetten-
Nummer

</td><td>

Titel und
Rauschunter-
drückung

</td><td colspan="2">

Inhalt
Seite A

</td><td>

Seite B

</td></tr>
</table>

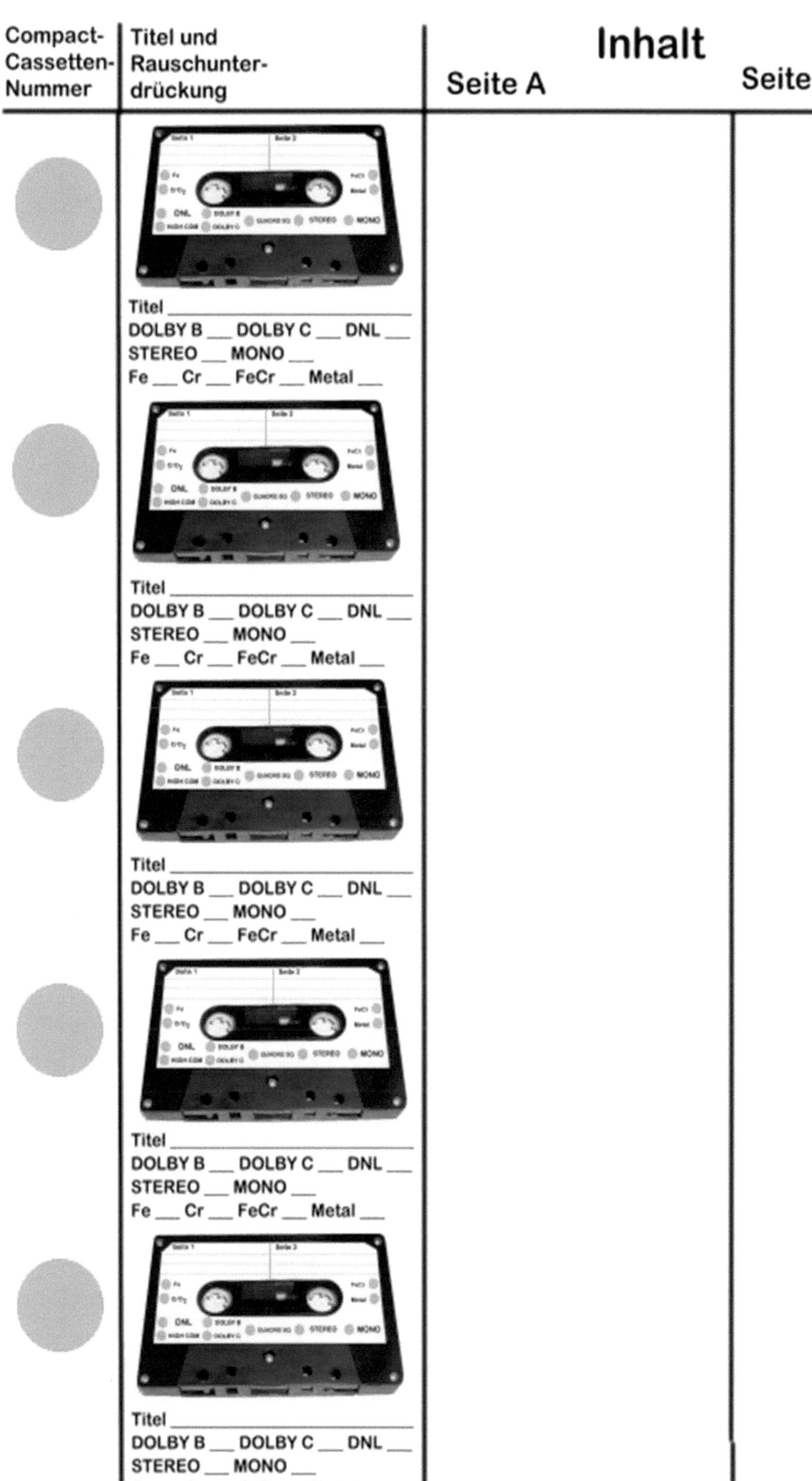

Titel ____________________________
DOLBY B ___ DOLBY C ___ DNL ___
STEREO ___ MONO ___
Fe ___ Cr ___ FeCr ___ Metal ___

Titel ____________________________
DOLBY B ___ DOLBY C ___ DNL ___
STEREO ___ MONO ___
Fe ___ Cr ___ FeCr ___ Metal ___

Titel ____________________________
DOLBY B ___ DOLBY C ___ DNL ___
STEREO ___ MONO ___
Fe ___ Cr ___ FeCr ___ Metal ___

Titel ____________________________
DOLBY B ___ DOLBY C ___ DNL ___
STEREO ___ MONO ___
Fe ___ Cr ___ FeCr ___ Metal ___

Titel ____________________________
DOLBY B ___ DOLBY C ___ DNL ___
STEREO ___ MONO ___
Fe ___ Cr ___ FeCr ___ Metal ___

<table>
<tr><th>Compact-
Cassetten-
Nummer</th><th>Titel und
Rauschunter-
drückung</th><th colspan="2" align="center"><h1>Inhalt</h1></th></tr>
<tr><td></td><td></td><td>Seite A</td><td>Seite B</td></tr>
</table>

Titel _______________________
DOLBY B ___ DOLBY C ___ DNL ___
STEREO ___ MONO ___
Fe ___ Cr ___ FeCr ___ Metal ___

Titel _______________________
DOLBY B ___ DOLBY C ___ DNL ___
STEREO ___ MONO ___
Fe ___ Cr ___ FeCr ___ Metal ___

Titel _______________________
DOLBY B ___ DOLBY C ___ DNL ___
STEREO ___ MONO ___
Fe ___ Cr ___ FeCr ___ Metal ___

Titel _______________________
DOLBY B ___ DOLBY C ___ DNL ___
STEREO ___ MONO ___
Fe ___ Cr ___ FeCr ___ Metal ___

Titel _______________________
DOLBY B ___ DOLBY C ___ DNL ___
STEREO ___ MONO ___
Fe ___ Cr ___ FeCr ___ Metal ___

Compact-Cassetten-Nummer	Titel und Rauschunterdrückung	Inhalt	
		Seite A	**Seite B**
	 Titel ___________ DOLBY B ___ DOLBY C ___ DNL ___ STEREO ___ MONO ___ Fe ___ Cr ___ FeCr ___ Metal ___		
	 Titel ___________ DOLBY B ___ DOLBY C ___ DNL ___ STEREO ___ MONO ___ Fe ___ Cr ___ FeCr ___ Metal ___		
	 Titel ___________ DOLBY B ___ DOLBY C ___ DNL ___ STEREO ___ MONO ___ Fe ___ Cr ___ FeCr ___ Metal ___		
	 Titel ___________ DOLBY B ___ DOLBY C ___ DNL ___ STEREO ___ MONO ___ Fe ___ Cr ___ FeCr ___ Metal ___		

Compact-Cassetten-Nummer	Titel und Rauschunter-drückung	Inhalt	
		Seite A	Seite B

Titel _______________________
DOLBY B ___ DOLBY C ___ DNL ___
STEREO ___ MONO ___
Fe ___ Cr ___ FeCr ___ Metal ___

Titel _______________________
DOLBY B ___ DOLBY C ___ DNL ___
STEREO ___ MONO ___
Fe ___ Cr ___ FeCr ___ Metal ___

Titel _______________________
DOLBY B ___ DOLBY C ___ DNL ___
STEREO ___ MONO ___
Fe ___ Cr ___ FeCr ___ Metal ___

Titel _______________________
DOLBY B ___ DOLBY C ___ DNL ___
STEREO ___ MONO ___
Fe ___ Cr ___ FeCr ___ Metal ___

Titel _______________________
DOLBY B ___ DOLBY C ___ DNL ___
STEREO ___ MONO ___
Fe ___ Cr ___ FeCr ___ Metal ___

<table>
<tr><td>Compact-
Cassetten-
Nummer</td><td>Titel und
Rauschunter-
drückung</td><td colspan="2" style="text-align:center">Inhalt</td></tr>
<tr><td></td><td></td><td>Seite A</td><td>Seite B</td></tr>
</table>

Titel _______________________________
DOLBY B ___ DOLBY C ___ DNL ___
STEREO ___ MONO ___
Fe ___ Cr ___ FeCr ___ Metal ___

Titel _______________________________
DOLBY B ___ DOLBY C ___ DNL ___
STEREO ___ MONO ___
Fe ___ Cr ___ FeCr ___ Metal ___

Titel _______________________________
DOLBY B ___ DOLBY C ___ DNL ___
STEREO ___ MONO ___
Fe ___ Cr ___ FeCr ___ Metal ___

Titel _______________________________
DOLBY B ___ DOLBY C ___ DNL ___
STEREO ___ MONO ___
Fe ___ Cr ___ FeCr ___ Metal ___

Titel _______________________________
DOLBY B ___ DOLBY C ___ DNL ___
STEREO ___ MONO ___
Fe ___ Cr ___ FeCr ___ Metal ___

<table>
<tr><th>Compact-
Cassetten-
Nummer</th><th>Titel und
Rauschunter-
drückung</th><th colspan="2" align="center">Inhalt</th></tr>
<tr><th></th><th></th><th>Seite A</th><th>Seite B</th></tr>
</table>

Titel ____________________________
DOLBY B ___ DOLBY C ___ DNL ___
STEREO ___ MONO ___
Fe ___ Cr ___ FeCr ___ Metal ___

Titel ____________________________
DOLBY B ___ DOLBY C ___ DNL ___
STEREO ___ MONO ___
Fe ___ Cr ___ FeCr ___ Metal ___

Titel ____________________________
DOLBY B ___ DOLBY C ___ DNL ___
STEREO ___ MONO ___
Fe ___ Cr ___ FeCr ___ Metal ___

Titel ____________________________
DOLBY B ___ DOLBY C ___ DNL ___
STEREO ___ MONO ___
Fe ___ Cr ___ FeCr ___ Metal ___

Titel ____________________________
DOLBY B ___ DOLBY C ___ DNL ___
STEREO ___ MONO ___
Fe ___ Cr ___ FeCr ___ Metal ___

Compact-Cassetten-Nummer	Titel und Rauschunterdrückung	Inhalt	
		Seite A	**Seite B**

Titel _______________________
DOLBY B ___ DOLBY C ___ DNL ___
STEREO ___ MONO ___
Fe ___ Cr ___ FeCr ___ Metal ___

Titel _______________________
DOLBY B ___ DOLBY C ___ DNL ___
STEREO ___ MONO ___
Fe ___ Cr ___ FeCr ___ Metal ___

Titel _______________________
DOLBY B ___ DOLBY C ___ DNL ___
STEREO ___ MONO ___
Fe ___ Cr ___ FeCr ___ Metal ___

Titel _______________________
DOLBY B ___ DOLBY C ___ DNL ___
STEREO ___ MONO ___
Fe ___ Cr ___ FeCr ___ Metal ___

Titel _______________________
DOLBY B ___ DOLBY C ___ DNL ___
STEREO ___ MONO ___
Fe ___ Cr ___ FeCr ___ Metal ___

<table>
<tr><td>Compact-
Cassetten-
Nummer</td><td>Titel und
Rauschunter-
drückung</td><td colspan="2" align="center">Inhalt
Seite A</td><td>Seite B</td></tr>
</table>

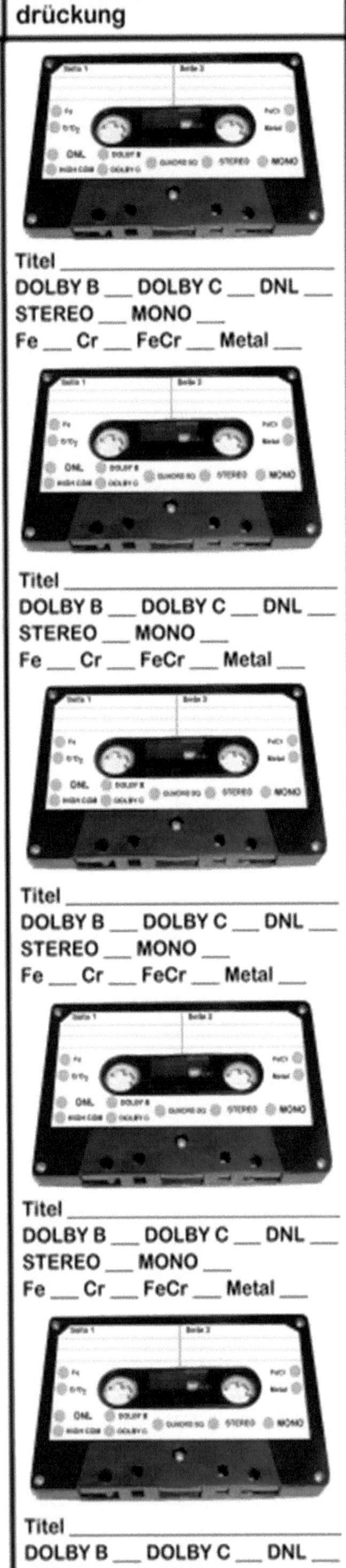

Titel _______________________________
DOLBY B ___ DOLBY C ___ DNL ___
STEREO ___ MONO ___
Fe ___ Cr ___ FeCr ___ Metal ___

Titel _______________________________
DOLBY B ___ DOLBY C ___ DNL ___
STEREO ___ MONO ___
Fe ___ Cr ___ FeCr ___ Metal ___

Titel _______________________________
DOLBY B ___ DOLBY C ___ DNL ___
STEREO ___ MONO ___
Fe ___ Cr ___ FeCr ___ Metal ___

Titel _______________________________
DOLBY B ___ DOLBY C ___ DNL ___
STEREO ___ MONO ___
Fe ___ Cr ___ FeCr ___ Metal ___

Titel _______________________________
DOLBY B ___ DOLBY C ___ DNL ___
STEREO ___ MONO ___
Fe ___ Cr ___ FeCr ___ Metal ___

Compact-Cassetten-Nummer	Titel und Rauschunter-drückung	Inhalt	
		Seite A	Seite B
	Titel ____________________ DOLBY B ___ DOLBY C ___ DNL ___ STEREO ___ MONO ___ Fe ___ Cr ___ FeCr ___ Metal ___		
	Titel ____________________ DOLBY B ___ DOLBY C ___ DNL ___ STEREO ___ MONO ___ Fe ___ Cr ___ FeCr ___ Metal ___		
	Titel ____________________ DOLBY B ___ DOLBY C ___ DNL ___ STEREO ___ MONO ___ Fe ___ Cr ___ FeCr ___ Metal ___		
	Titel ____________________ DOLBY B ___ DOLBY C ___ DNL ___ STEREO ___ MONO ___ Fe ___ Cr ___ FeCr ___ Metal ___		
	Titel ____________________ DOLBY B ___ DOLBY C ___ DNL ___ STEREO ___ MONO ___ Fe ___ Cr ___ FeCr ___ Metal ___		

<table>
<tr><th>Compact-
Cassetten-
Nummer</th><th>Titel und
Rauschunter-
drückung</th><th colspan="2" align="center">Inhalt</th></tr>
<tr><th></th><th></th><th>Seite A</th><th>Seite B</th></tr>
</table>

Titel _______________________________
DOLBY B ___ DOLBY C ___ DNL ___
STEREO ___ MONO ___
Fe ___ Cr ___ FeCr ___ Metal ___

Titel _______________________________
DOLBY B ___ DOLBY C ___ DNL ___
STEREO ___ MONO ___
Fe ___ Cr ___ FeCr ___ Metal ___

Titel _______________________________
DOLBY B ___ DOLBY C ___ DNL ___
STEREO ___ MONO ___
Fe ___ Cr ___ FeCr ___ Metal ___

Titel _______________________________
DOLBY B ___ DOLBY C ___ DNL ___
STEREO ___ MONO ___
Fe ___ Cr ___ FeCr ___ Metal ___

Titel _______________________________
DOLBY B ___ DOLBY C ___ DNL ___
STEREO ___ MONO ___
Fe ___ Cr ___ FeCr ___ Metal ___

Compact-Cassetten-Nummer	Titel und Rauschunter-drückung	Inhalt	
		Seite A	Seite B
	 Titel _______________________ DOLBY B ___ DOLBY C ___ DNL ___ STEREO ___ MONO ___ Fe ___ Cr ___ FeCr ___ Metal ___		
	 Titel _______________________ DOLBY B ___ DOLBY C ___ DNL ___ STEREO ___ MONO ___ Fe ___ Cr ___ FeCr ___ Metal ___		
	 Titel _______________________ DOLBY B ___ DOLBY C ___ DNL ___ STEREO ___ MONO ___ Fe ___ Cr ___ FeCr ___ Metal ___		
	 Titel _______________________ DOLBY B ___ DOLBY C ___ DNL ___ STEREO ___ MONO ___ Fe ___ Cr ___ FeCr ___ Metal ___		
	 Titel _______________________ DOLBY B ___ DOLBY C ___ DNL ___ STEREO ___ MONO ___ Fe ___ Cr ___ FeCr ___ Metal ___		

Compact-Cassetten-Nummer	Titel und Rauschunter-drückung	Inhalt	
		Seite A	Seite B

Titel ________________________
DOLBY B ___ DOLBY C ___ DNL ___
STEREO ___ MONO ___
Fe ___ Cr ___ FeCr ___ Metal ___

Titel ________________________
DOLBY B ___ DOLBY C ___ DNL ___
STEREO ___ MONO ___
Fe ___ Cr ___ FeCr ___ Metal ___

Titel ________________________
DOLBY B ___ DOLBY C ___ DNL ___
STEREO ___ MONO ___
Fe ___ Cr ___ FeCr ___ Metal ___

Titel ________________________
DOLBY B ___ DOLBY C ___ DNL ___
STEREO ___ MONO ___
Fe ___ Cr ___ FeCr ___ Metal ___

Titel ________________________
DOLBY B ___ DOLBY C ___ DNL ___
STEREO ___ MONO ___
Fe ___ Cr ___ FeCr ___ Metal ___

Compact-Cassetten-Nummer	Titel und Rauschunter-drückung	Inhalt	
		Seite A	Seite B

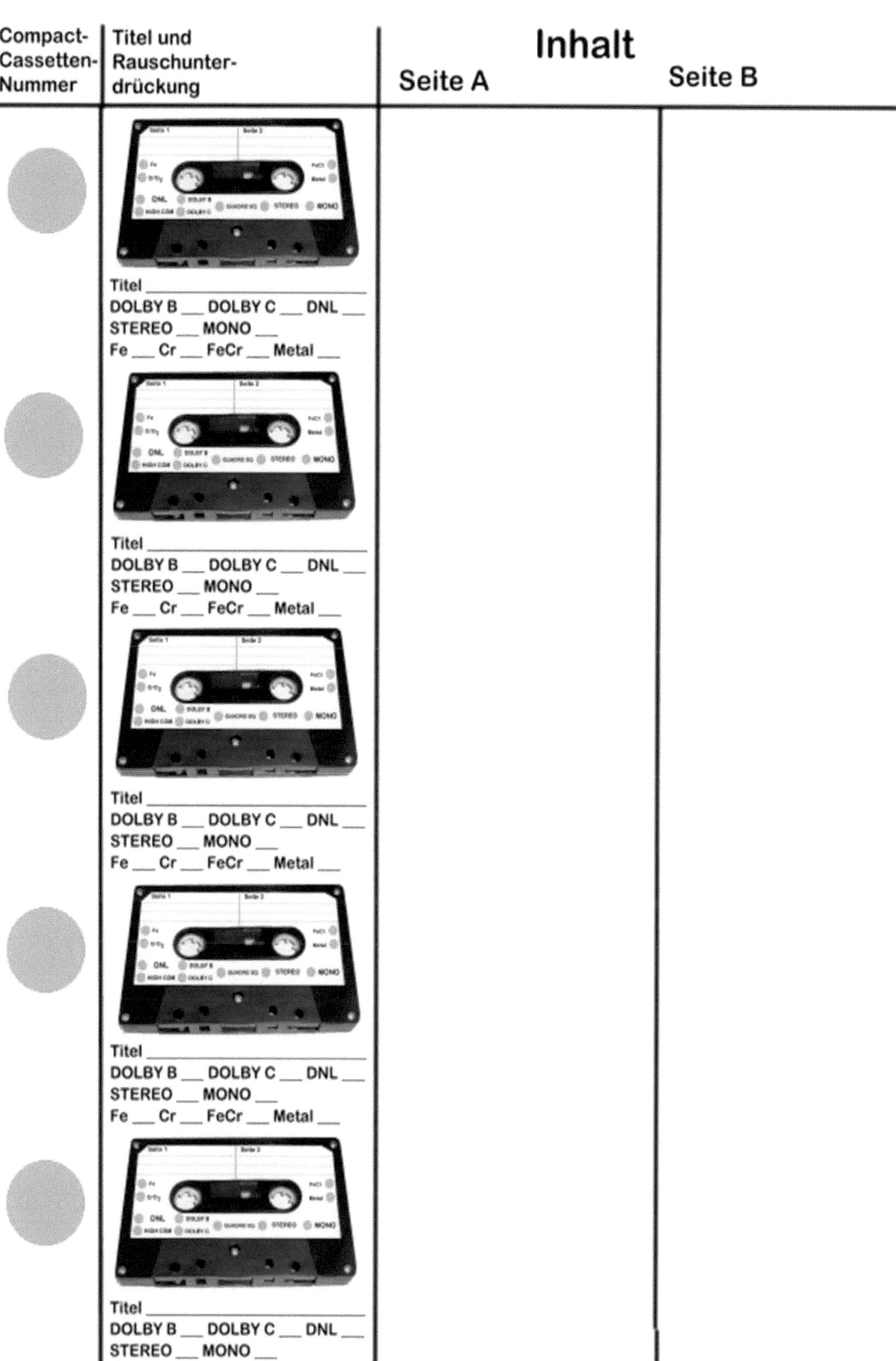

Titel ______________________________
DOLBY B ___ DOLBY C ___ DNL ___
STEREO ___ MONO ___
Fe ___ Cr ___ FeCr ___ Metal ___

Titel ______________________________
DOLBY B ___ DOLBY C ___ DNL ___
STEREO ___ MONO ___
Fe ___ Cr ___ FeCr ___ Metal ___

Titel ______________________________
DOLBY B ___ DOLBY C ___ DNL ___
STEREO ___ MONO ___
Fe ___ Cr ___ FeCr ___ Metal ___

Titel ______________________________
DOLBY B ___ DOLBY C ___ DNL ___
STEREO ___ MONO ___
Fe ___ Cr ___ FeCr ___ Metal ___

Titel ______________________________
DOLBY B ___ DOLBY C ___ DNL ___
STEREO ___ MONO ___
Fe ___ Cr ___ FeCr ___ Metal ___

<table>
<tr><th>Compact-
Cassetten-
Nummer</th><th>Titel und
Rauschunter-
drückung</th><th colspan="2" align="center">Inhalt</th></tr>
<tr><td></td><td></td><td>Seite A</td><td>Seite B</td></tr>
</table>

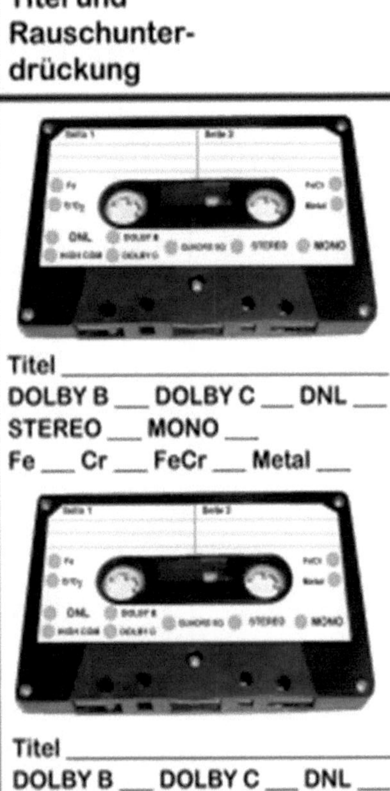

Titel ___________________________
DOLBY B ___ DOLBY C ___ DNL ___
STEREO ___ MONO ___
Fe ___ Cr ___ FeCr ___ Metal ___

Titel ___________________________
DOLBY B ___ DOLBY C ___ DNL ___
STEREO ___ MONO ___
Fe ___ Cr ___ FeCr ___ Metal ___

Titel ___________________________
DOLBY B ___ DOLBY C ___ DNL ___
STEREO ___ MONO ___
Fe ___ Cr ___ FeCr ___ Metal ___

Titel ___________________________
DOLBY B ___ DOLBY C ___ DNL ___
STEREO ___ MONO ___
Fe ___ Cr ___ FeCr ___ Metal ___

<table>
<tr><th>Compact-
Cassetten-
Nummer</th><th>Titel und
Rauschunter-
drückung</th><th colspan="2" align="center"><h1>Inhalt</h1></th></tr>
<tr><td></td><td></td><td><h3>Seite A</h3></td><td><h3>Seite B</h3></td></tr>
</table>

Titel _________________________
DOLBY B ___ **DOLBY C** ___ **DNL** ___
STEREO ___ **MONO** ___
Fe ___ **Cr** ___ **FeCr** ___ **Metal** ___

Titel _________________________
DOLBY B ___ **DOLBY C** ___ **DNL** ___
STEREO ___ **MONO** ___
Fe ___ **Cr** ___ **FeCr** ___ **Metal** ___

Titel _________________________
DOLBY B ___ **DOLBY C** ___ **DNL** ___
STEREO ___ **MONO** ___
Fe ___ **Cr** ___ **FeCr** ___ **Metal** ___

Titel _________________________
DOLBY B ___ **DOLBY C** ___ **DNL** ___
STEREO ___ **MONO** ___
Fe ___ **Cr** ___ **FeCr** ___ **Metal** ___

Titel _________________________
DOLBY B ___ **DOLBY C** ___ **DNL** ___
STEREO ___ **MONO** ___
Fe ___ **Cr** ___ **FeCr** ___ **Metal** ___

Cleans & demagnetizes
Nettoie et protège les
têtes de cassettes audio
PHILIPS
'DROP IN'
SBC 114
PHILIPS
Service
PHILIPS

GOLDEN
GT-7CC
GOLDEN TECHNICA
Reinigungs-Cassette
Cassetten
Recorder Pflege
Tape Head Cleaner
Ensemble entretien
audio-technica
audio-technica
Cleaning Cassette
Cassette nettoyage
BASF
Reinigungs-Cassette
Cleaning Cassette
Cassette de nettoyage
30 m/10 min.
CR
music plus
UNIVERSUM
REINIGUNGS
CASSETTE
Für besseren Klang:
Reinigt verschmutzte Tonköpfe
in wenigen Sekunden.

Service

Service
Service

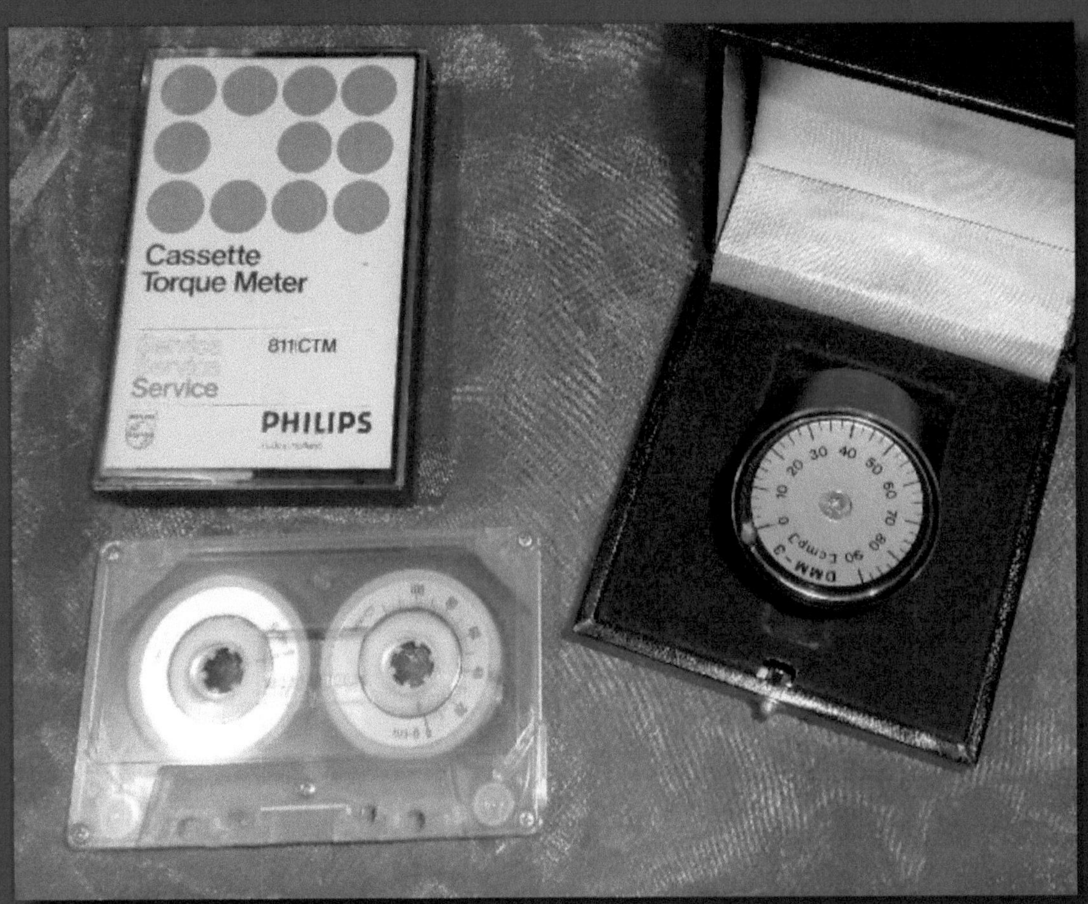
Cassette
Torque Meter
811 CTM
Service
PHILIPS
DMM-9

MADE IN
HOLLAND

CASSETTE TAPE SPLICER
Made in England
Pat.No.765,366 & Prov.Pat.No.59599/698

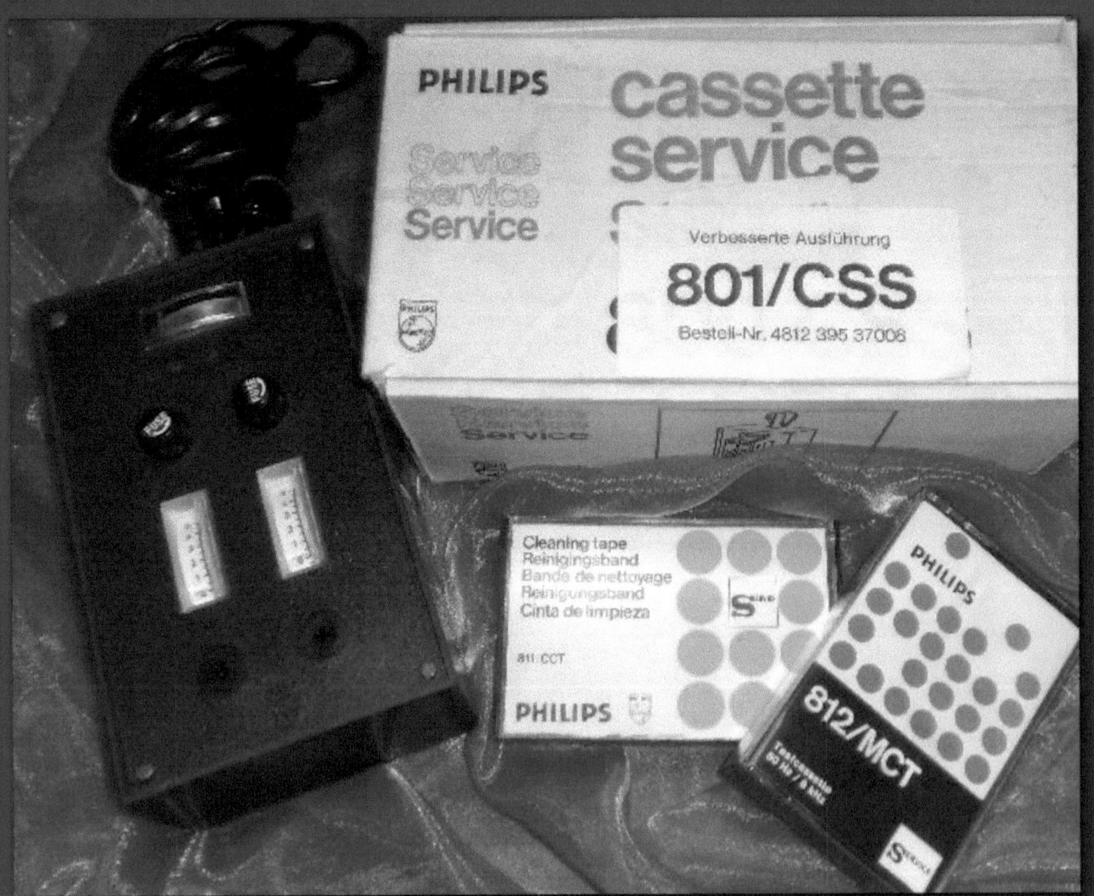
PHILIPS
cassette
service
Service
Service
Service
Verbesserte Ausführung
801/CSS
Bestell-Nr. 4812 395 37006
Service
Cleaning tape
Reinigingsband
Bande de nettoyage
Reinigungsband
Cinta de limpieza
811 CCT
PHILIPS
PHILIPS
812/MCT

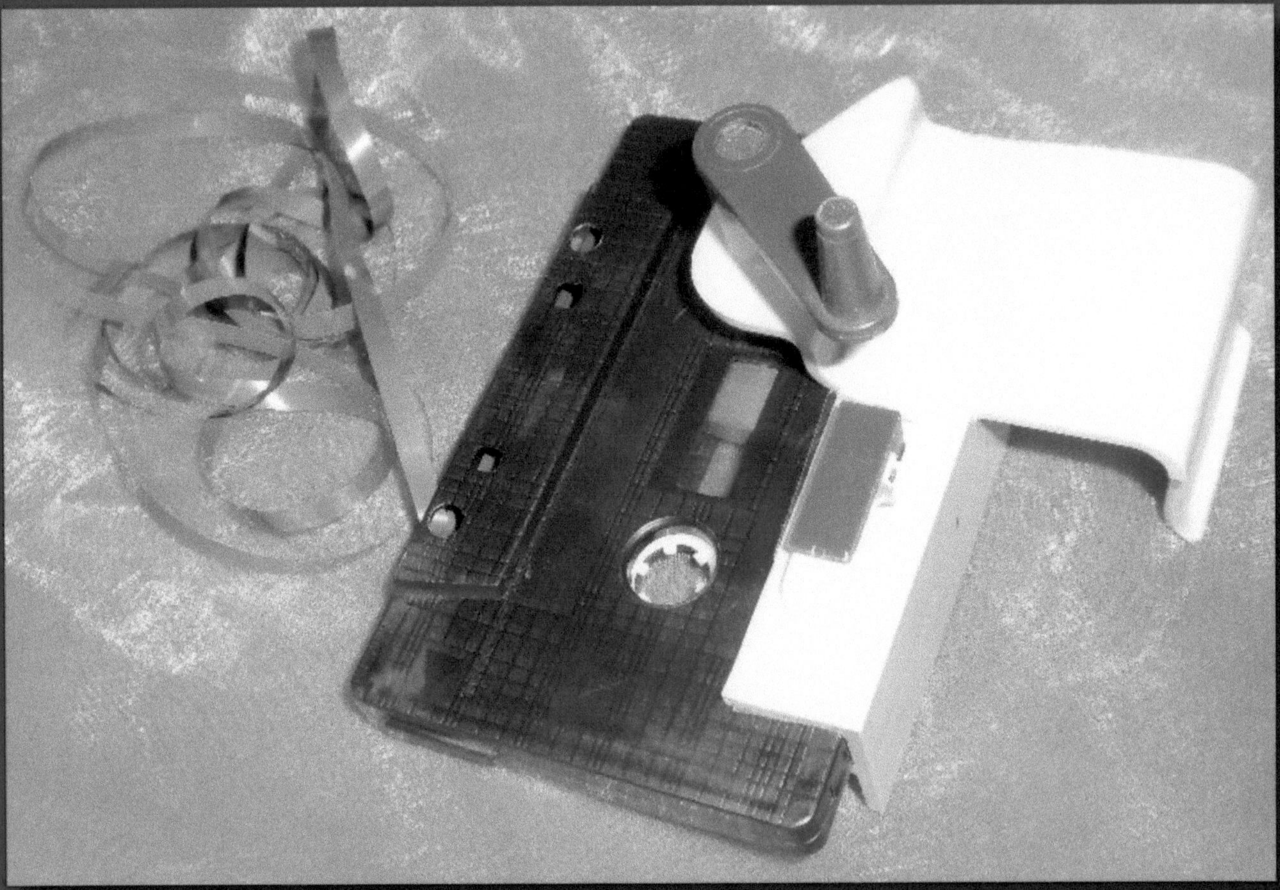

SERVICE

WOW & FLUTTER MESSGERÄT

Uwe H. Sültz - Lünen - Germany
Compact Cassetten- und Recorder- Pflege

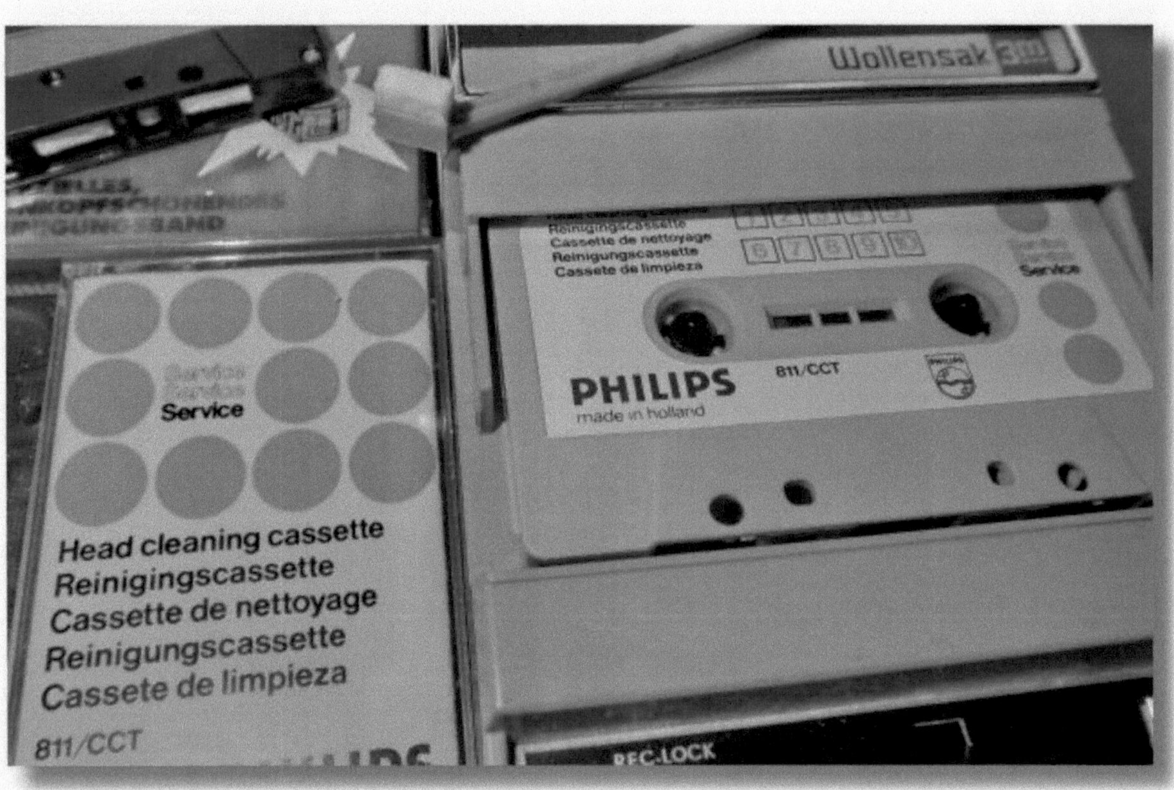

Uwe H. Sültz - Lünen - Germany

Uwe H. Sültz - Lünen - Germany
Compact Cassetten- und Recorder- Pflege

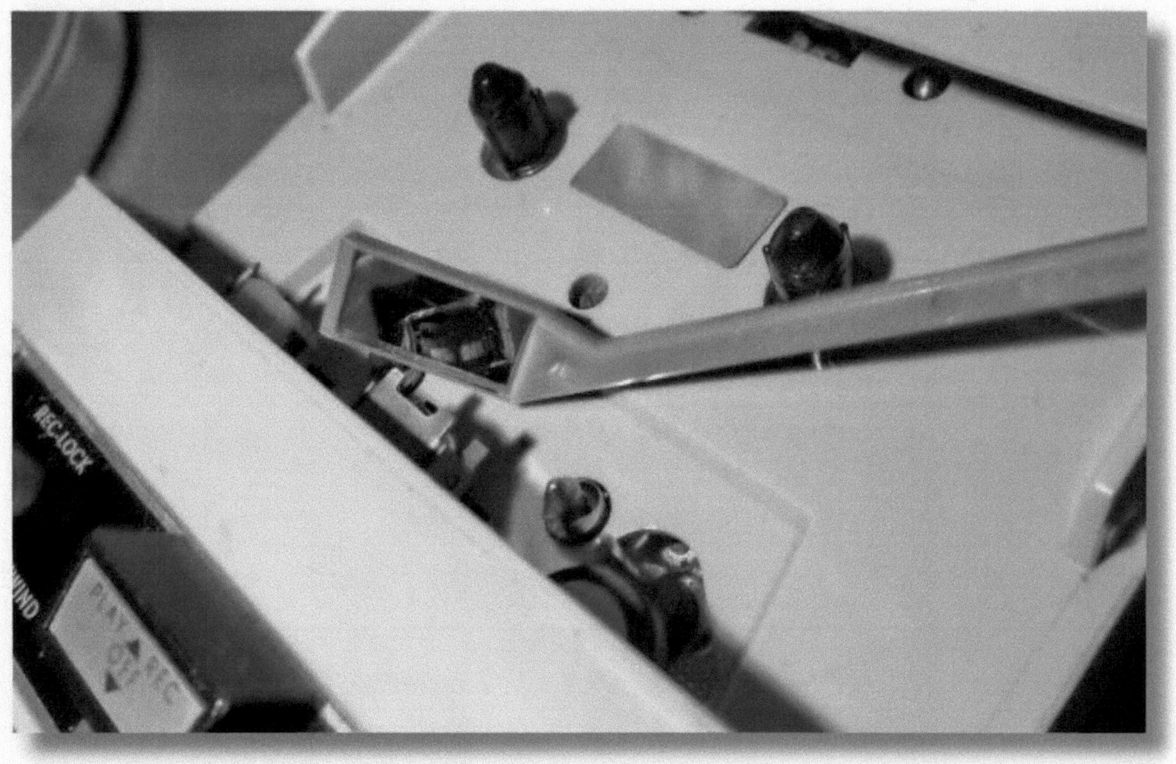

Uwe H. Sültz - Lünen - Germany

Compact Cassetten- und Recorder- Pflege

Uwe H. Sültz - Lünen - Germany
Compact Cassetten- und Recorder- Pflege

Uwe H. Sültz - Lünen - Germany

Compact Cassetten- und Recorder- Pflege

Uwe H. Sültz - Lünen - Germany
Compact Cassetten- und Recorder- Pflege

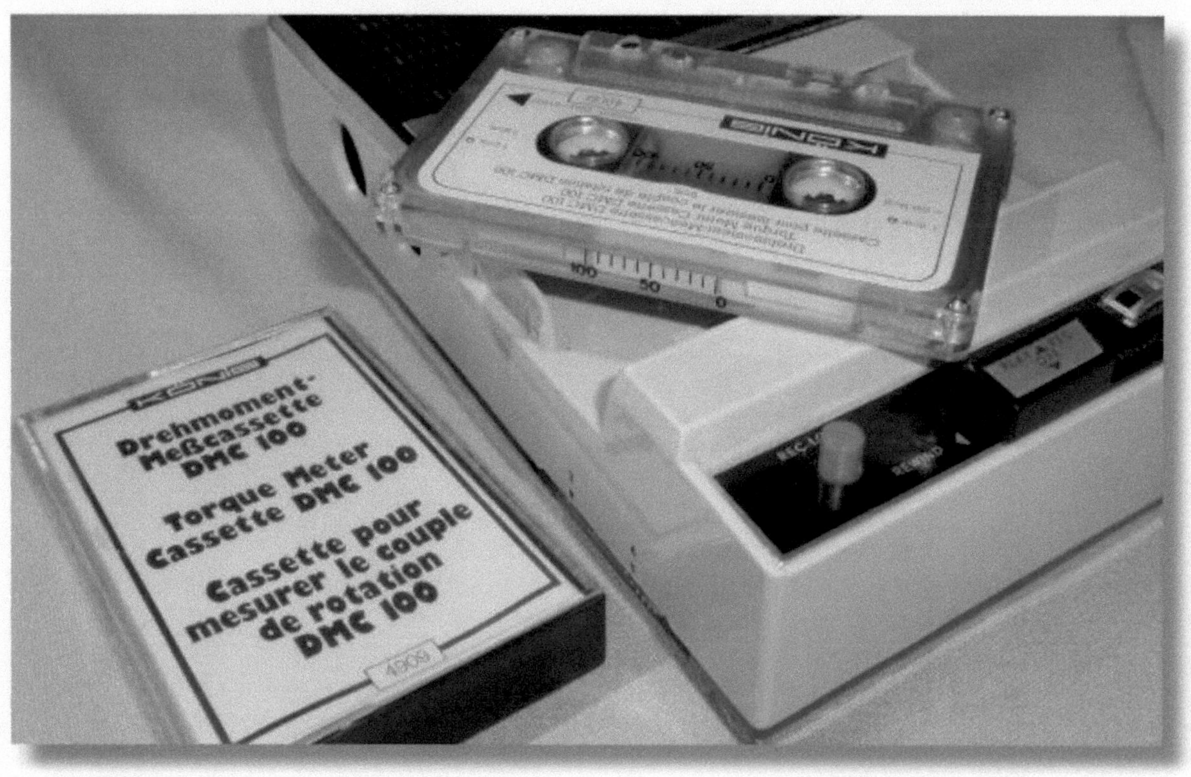

Uwe H. Sültz - Lünen - Germany

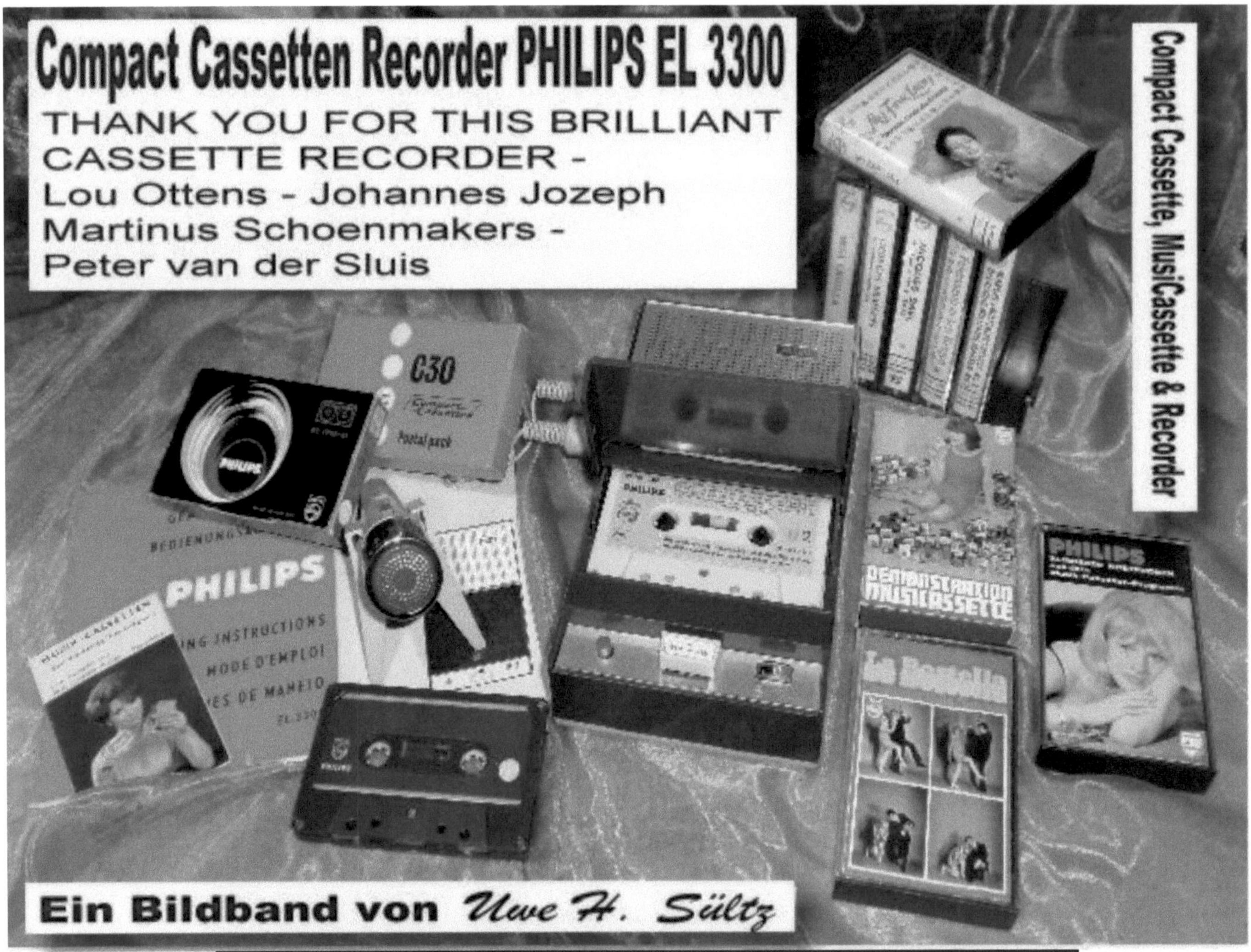
Compact Cassetten Recorder PHILIPS EL 3300
THANK YOU FOR THIS BRILLIANT CASSETTE RECORDER - Lou Ottens - Johannes Jozeph Martinus Schoenmakers - Peter van der Sluis
Compact Cassette, MusiCassette & Recorder
PHILIPS
C30
Postal pack
DEMONSTRATION MUSICASSETTE
Ein Bildband von Uwe H. Sültz

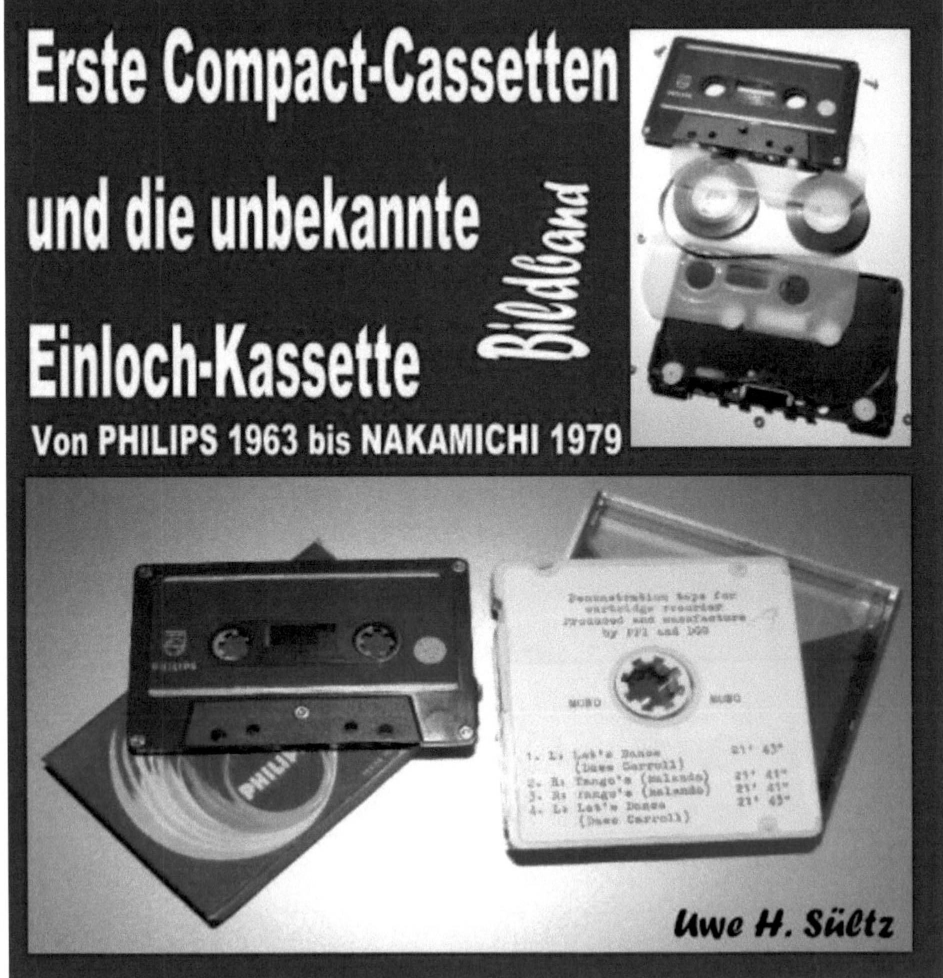

Erste Compact-Cassetten
und die unbekannte
Einloch-Kassette
Bildband
Von PHILIPS 1963 bis NAKAMICHI 1979
Uwe H. Sültz

COMPACT CASSETTE RECORDER
PHILIPS EL 3300
PHILIPS
THANK YOU FOR THIS BRILLIANT
COMPACT CASSETTE RECORDER
Lou Ottens
J.J.M. Schoenmakers
Peter van der Sluis
PHILIPS
Uwe H. Sültz
PICTURE BOOK

Die MusiCassetten

- erste fertig bespielte Compact-Cassetten

Ein Bildband mit einer Auswahl an MusiCassetten von PHILIPS und weiteren Herstellern

Compact Cassetten Recorder PHILIPS EL 3300

Danke. Lou Ottens. Peter van der Sluis und Johannes Jozeph Martinus Schoenmakers für diese geniale Erfindung

Compact Cassette, MusiCassette & Recorder

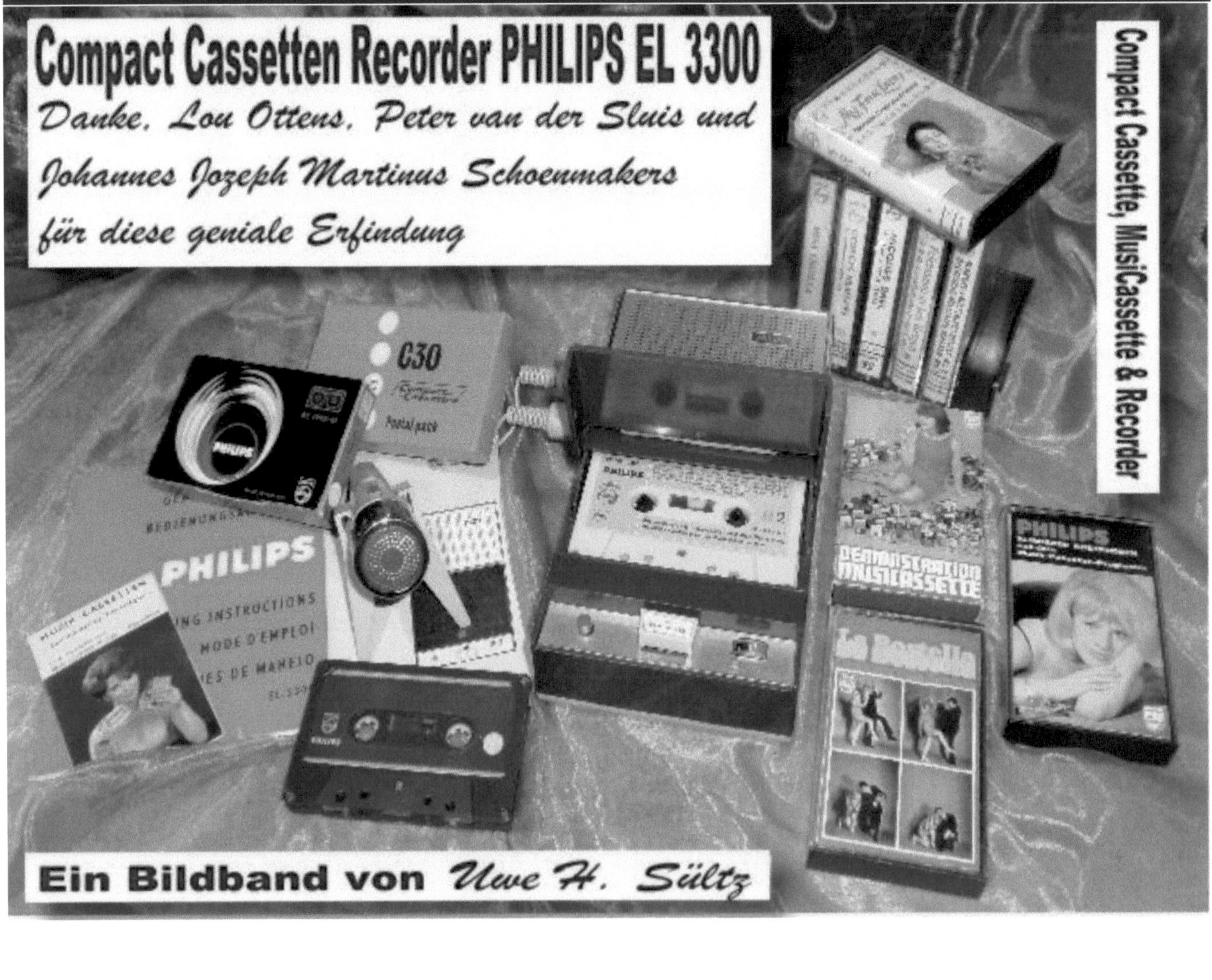

Ein Bildband von *Uwe H. Sültz*